수학 상위권 진입을 위한 문장제 해결력 강화

문제 해결의 길잡이

원리

수학 5-2

Mirae N 에듀

영역	초6 1학기	초6 2학기	중1	중2	중3
수와 연산			소인수분해 최대공약수와 최소공배수 정수와 유리수 정수와 유리수의 사칙계산	유리수와 순환소수	제곱근과 실수 근호를 포함한 식의 사칙계산
문자와 식	(분수)÷(자연수) (소수)÷(자연수)	(분수)÷(분수) (소수)÷(소수)	문자와 식 일차방정식	단항식의 계산 다항식의 계산 연립일차방정식 일차부등식	다항식의 곱셈 인수분해 이차방정식
기하	각기둥, 각뿔 직육면체의 부피와 겉넓이	공간과 입체 원기둥, 원뿔, 구 원의 넓이	기본 도형 작도와 합동 다각형 원과 부채꼴 다면체와 회전체 입체도형의 부피와 겉넓이	삼각형의 성질 사각형의 성질 도형의 닮음 피타고라스 정리	삼각비 원과 직선 원주각
함수	비와 비율	비례식과 비례배분	순서쌍과 좌표 정비례와 반비례	함수 일차함수와 그래프	이차함수와 그래프
확률과 통계	그림/띠/원그래프		자료의 정리와 해석	경우의 수 확률	대푯값과 산포도 상관관계

이 책의 **머리말**

'방방이'라고 불리는 트램펄린에서 뛰어 본 적 있나요?
처음에는 중심을 잡고 일어서는 것도 어렵지만
발끝에 힘을 주고 일어나 탄력에 몸을 맡기면
어느 순간 공중으로 높이 뛰어오를 수 있어요.

수학 공부도 마찬가지랍니다.
넘사벽이라고 느껴지던 어려운 문제도
해결 전략에 따라 집중해서 훈련하다 보면
어느 순간 스스로 전략을 세워 풀 수 있어요.

처음에는 서툴지만 누구나 트램펄린을 즐기는 것처럼
문제 해결의 길잡이로 해결 전략을 익힌다면
어려운 문제도 스스로 해결할 수 있어요.

자, 우리 함께 시작해 볼까요?

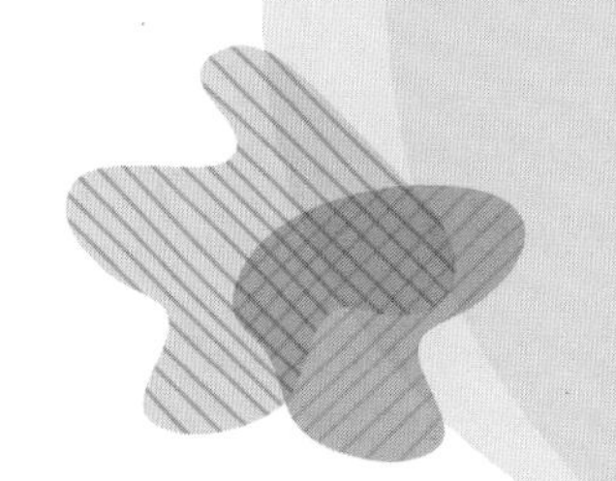

이 책의 구성

문제를 보기만 해도 어떻게 풀어야 할지 머릿속이 캄캄해진다구요?

해결 전략에 따라 길잡이 학습을 익히면 자신감이 생길 거예요!

길잡이 학습을 어떻게 하냐구요? 지금 바로 문해길을 펼쳐 보세요!

문해길 학습 1 시작하기

문해길 학습 2 해결 전략 익히기

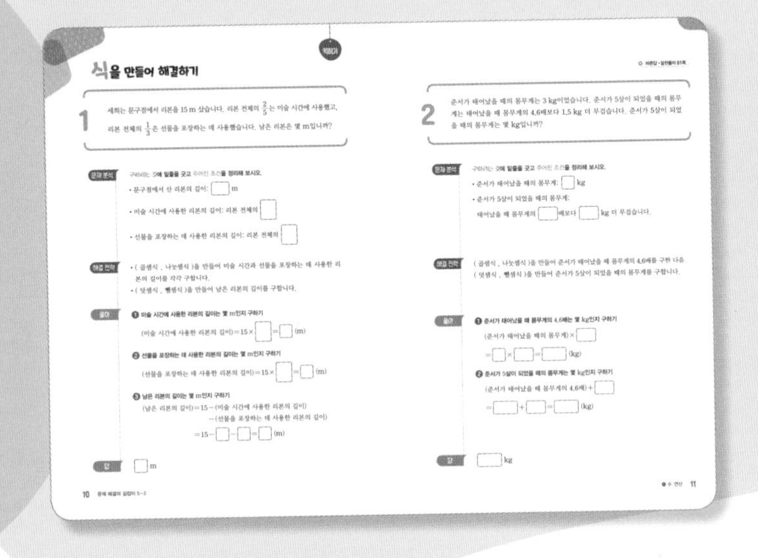

학습 계획 세우기

영역 학습을 시작하며 자신의 실력에 맞게 하루에 해야 할 목표를 세웁니다.

시작하기

문해길 학습에 본격적으로 들어가기 전에 기본 학습 실력을 점검합니다.

해결 전략 익히기

문제 분석하기	구하려는 것과 주어진 조건을 찾아내는 훈련을 통해 문장제 독해력을 키웁니다.
해결 전략 세우기	문제 해결 전략을 세우는 과정을 연습하며 수학적 사고력을 기릅니다.
단계적으로 풀기	단계별로 서술함으로써 풀이 과정을 익힙니다.

문제 풀이 동영상과 함께 완벽한 문해길 학습!

문제를 풀다가 막혔던 문제나 틀린 문제는 풀이 동영상을 보고, 온전하게 내 것으로 만들어요!

문해길 학습 3 해결 전략 적용하기

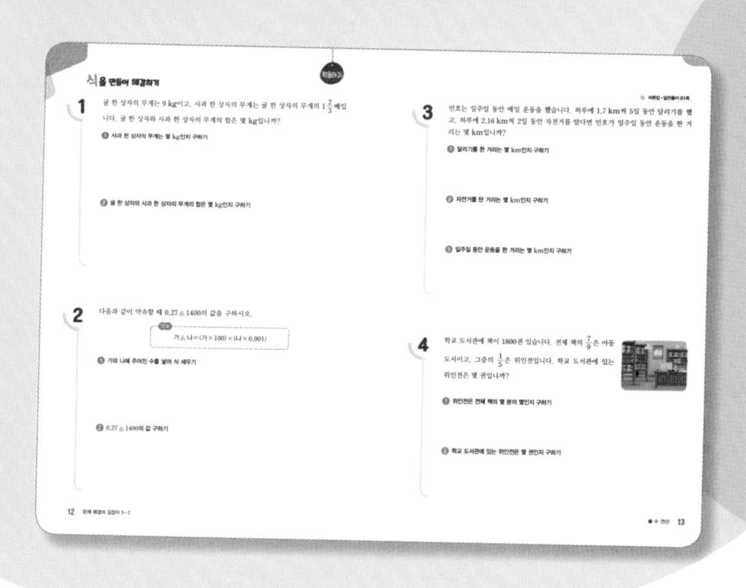

문해길 학습 4 마무리하기

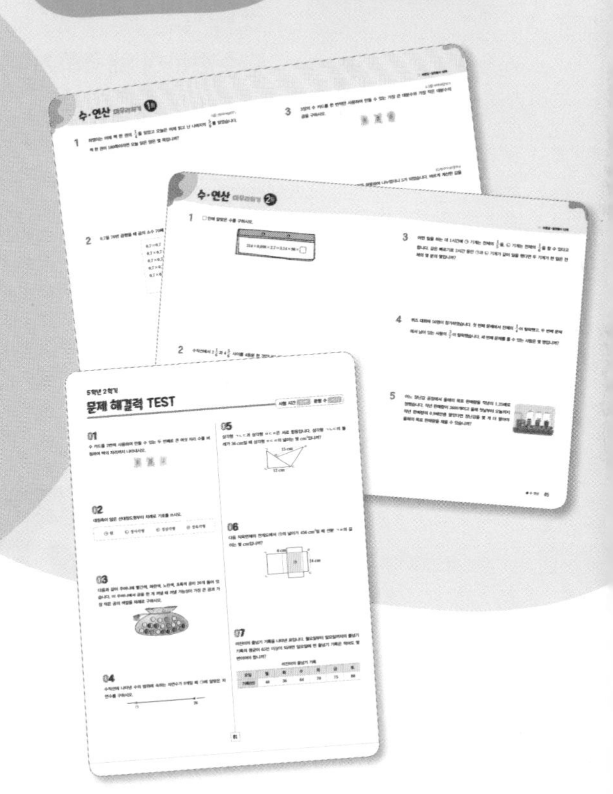

해결 전략 적용하기

문제 분석하기 → 해결 전략 세우기 → 단계적으로 풀기

문제를 읽고 스스로 분석하여 해결 전략을 세워 봅니다. 그리고 단계별 풀이 과정에 따라 정확하게 문제를 해결하는 훈련을 합니다.

마무리하기

마무리하기에서는 스스로 해결 전략과 풀이 단계를 세워 문제를 해결합니다. 이를 통해 향상된 실력을 확인합니다.

문제 해결력 TEST

문해길 학습의 최종 점검 단계입니다. 틀린 문제는 쌍둥이 문제를 다운받아 확실하게 익힙니다.

이 책의 차례

1장 수·연산

2장 도형·측정

3장 규칙성 · 자료와 가능성

[부록 시험지] **문제 해결력 TEST**

1장 수·연산

5-1

- 자연수의 혼합 계산
- 약수와 배수
- 약분과 통분
- 분수의 덧셈과 뺄셈

5-2

- **분수의 곱셈**

  (분수) × (자연수), (자연수) × (분수)
  (분수) × (분수)
  세 분수의 곱셈

- **소수의 곱셈**

  (소수) × (자연수), (자연수) × (소수)
  (소수) × (소수)
  곱의 소수점 위치 알아보기

6-1

- 분수의 나눗셈
- 소수의 나눗셈

“학습 계획 세우기”

	익히기	적용하기	
식을 만들어 해결하기	10~11쪽 월 일	12~13쪽 월 일	14~15쪽 월 일
그림을 그려 해결하기	16~17쪽 월 일	18~19쪽 월 일	20~21쪽 월 일
규칙을 찾아 해결하기	22~23쪽 월 일	24~25쪽 월 일	26~27쪽 월 일
조건을 따져 해결하기	28~29쪽 월 일	30~31쪽 월 일	32~33쪽 월 일
단순화하여 해결하기	34~35쪽 월 일	36~37쪽 월 일	38~39쪽 월 일

마무리 1회	마무리 2회
40~43쪽 월 일	44~47쪽 월 일

수·연산 시작하기

1 계산 결과를 비교하여 ○ 안에 $>$, $=$, $<$를 알맞게 써넣으시오.

$$8\times\frac{2}{5} \bigcirc \frac{3}{4}\times6$$

2 곱이 다른 하나를 찾아 기호를 쓰시오.

㉠ $\frac{1}{6}\times\frac{1}{3}$	㉡ $\frac{1}{4}\times\frac{1}{4}$	㉢ $\frac{1}{2}\times\frac{1}{9}$

(　　　　　　　　　　)

3 직사각형의 넓이는 몇 cm^2입니까?

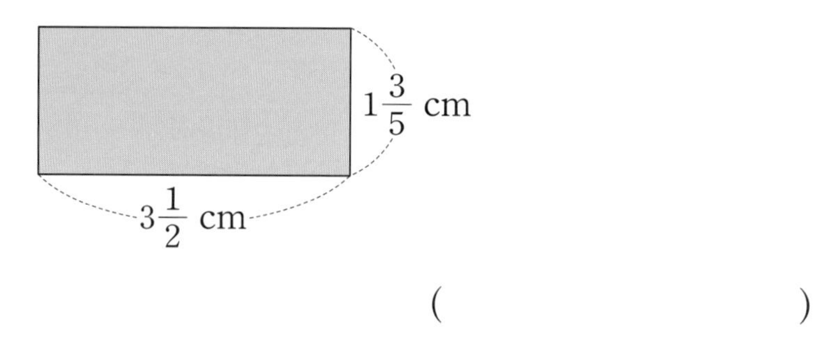

(　　　　　　　　　　)

4 민재네 반 전체 학생의 $\frac{2}{5}$는 남학생이고, 그중의 $\frac{5}{6}$는 운동을 좋아합니다. 운동을 좋아하는 남학생은 반 전체 학생의 몇 분의 몇입니까?

(　　　　　　　　　　)

5 빈칸에 알맞은 수를 써넣으시오.

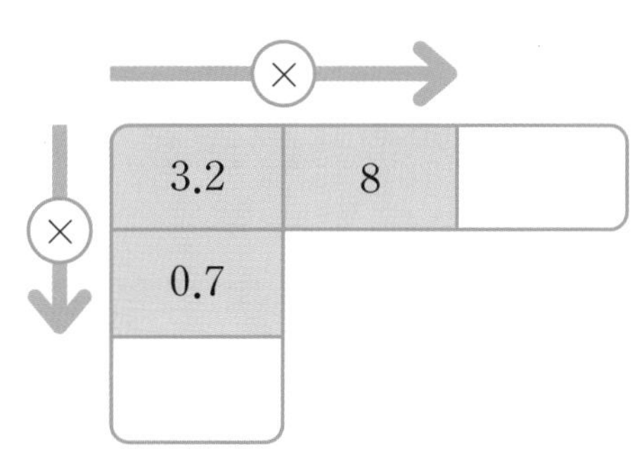

6 유나의 작년 키는 올해 키의 0.96배입니다. 유나의 올해 키가 1.25 m라면 작년 키는 몇 m입니까?

( )

7 계산 결과가 가장 큰 식을 말한 사람의 이름을 쓰시오.

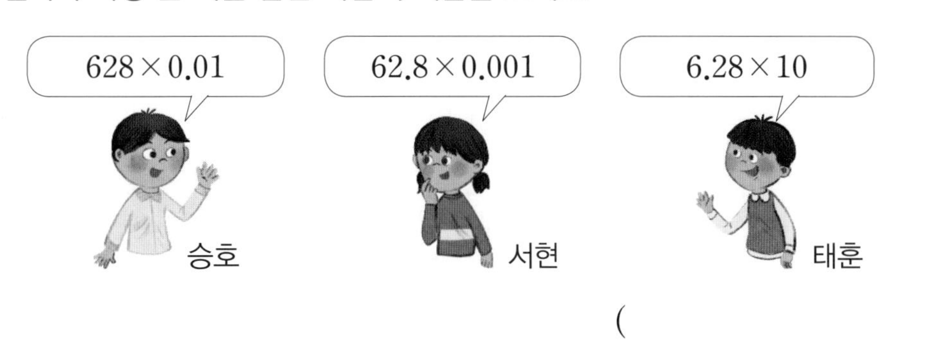

( )

8 2 L 들이 샴푸를 한 통 사면 한 통의 0.4배만큼을 더 주는 행사를 하고 있습니다. 이 샴푸를 한 통 사면 모두 몇 L만큼 사는 셈입니까?

( )

식을 만들어 해결하기

1

세희는 문구점에서 리본을 15 m 샀습니다. 리본 전체의 $\frac{2}{5}$는 미술 시간에 사용했고, 리본 전체의 $\frac{1}{3}$은 선물을 포장하는 데 사용했습니다. 남은 리본은 몇 m입니까?

문제 분석 구하려는 것에 밑줄을 긋고 주어진 조건을 정리해 보시오.

- 문구점에서 산 리본의 길이: ☐ m
- 미술 시간에 사용한 리본의 길이: 리본 전체의 ☐
- 선물을 포장하는 데 사용한 리본의 길이: 리본 전체의 ☐

해결 전략

- (곱셈식 , 나눗셈식)을 만들어 미술 시간과 선물을 포장하는 데 사용한 리본의 길이를 각각 구합니다.
- (덧셈식 , 뺄셈식)을 만들어 남은 리본의 길이를 구합니다.

풀이

❶ **미술 시간에 사용한 리본의 길이는 몇 m인지 구하기**

(미술 시간에 사용한 리본의 길이)$=15\times$☐$=$☐ (m)

❷ **선물을 포장하는 데 사용한 리본의 길이는 몇 m인지 구하기**

(선물을 포장하는 데 사용한 리본의 길이)$=15\times$☐$=$☐ (m)

❸ **남은 리본의 길이는 몇 m인지 구하기**

(남은 리본의 길이)$=15-$(미술 시간에 사용한 리본의 길이)

$-$(선물을 포장하는 데 사용한 리본의 길이)

$=15-$☐$-$☐$=$☐ (m)

답 ☐ m

바른답 • 알찬풀이 01쪽

2

준서가 태어났을 때의 몸무게는 3 kg이었습니다. 준서가 5살이 되었을 때의 몸무게는 태어났을 때 몸무게의 4.6배보다 1.5 kg 더 무겁습니다. 준서가 5살이 되었을 때의 몸무게는 몇 kg입니까?

문제 분석 구하려는 것에 밑줄을 긋고 주어진 조건을 정리해 보시오.

- 준서가 태어났을 때의 몸무게: ☐ kg
- 준서가 5살이 되었을 때의 몸무게:

  태어났을 때 몸무게의 ☐배보다 ☐ kg 더 무겁습니다.

해결 전략 (곱셈식 , 나눗셈식)을 만들어 준서가 태어났을 때 몸무게의 4.6배를 구한 다음 (덧셈식 , 뺄셈식)을 만들어 준서가 5살이 되었을 때의 몸무게를 구합니다.

풀이

❶ 준서가 태어났을 때 몸무게의 4.6배는 몇 kg인지 구하기

(준서가 태어났을 때의 몸무게) $\times$ ☐

$=$ ☐ $\times$ ☐ $=$ ☐ (kg)

❷ 준서가 5살이 되었을 때의 몸무게는 몇 kg인지 구하기

(준서가 태어났을 때 몸무게의 4.6배) $+$ ☐

$=$ ☐ $+$ ☐ $=$ ☐ (kg)

답 ☐ kg

식을 만들어 해결하기

1 귤 한 상자의 무게는 9 kg이고, 사과 한 상자의 무게는 귤 한 상자의 무게의 $1\frac{2}{3}$배입니다. 귤 한 상자와 사과 한 상자의 무게의 합은 몇 kg입니까?

❶ 사과 한 상자의 무게는 몇 kg인지 구하기

❷ 귤 한 상자와 사과 한 상자의 무게의 합은 몇 kg인지 구하기

2 다음과 같이 약속할 때 0.27▲1400의 값을 구하시오.

가▲나=(가×100)×(나×0.001)

❶ 가와 나에 주어진 수를 넣어 식 세우기

❷ 0.27▲1400의 값 구하기

바른답 • 알찬풀이 01쪽

3

민호는 일주일 동안 매일 운동을 했습니다. 하루에 1.7 km씩 5일 동안 달리기를 했고, 하루에 2.16 km씩 2일 동안 자전거를 탔다면 민호가 일주일 동안 운동을 한 거리는 몇 km입니까?

❶ 달리기를 한 거리는 몇 km인지 구하기

❷ 자전거를 탄 거리는 몇 km인지 구하기

❸ 일주일 동안 운동을 한 거리는 몇 km인지 구하기

4

학교 도서관에 책이 1800권 있습니다. 전체 책의 $\frac{7}{9}$은 아동 도서이고, 그중의 $\frac{1}{5}$은 위인전입니다. 학교 도서관에 있는 위인전은 몇 권입니까?

❶ 위인전은 전체 책의 몇 분의 몇인지 구하기

❷ 학교 도서관에 있는 위인전은 몇 권인지 구하기

식을 만들어 해결하기

5 정화, 수진, 희재가 각각 키를 재었습니다. 수진이는 정화보다 정화의 $\frac{1}{6}$만큼 더 크고, 희재는 수진이의 $\frac{4}{7}$만큼입니다. 희재의 키는 정화의 키의 몇 배입니까?

① 수진이의 키는 정화의 키의 몇 배인지 구하기

② 희재의 키는 정화의 키의 몇 배인지 구하기

6 1분에 8.5 L의 물이 나오는 수도꼭지로 욕조에 물을 받고 있습니다. 이 욕조에서 1분에 1.3 L씩 물을 뺀다면 3분 12초 동안 받을 수 있는 물의 양은 몇 L입니까?

① 욕조에 1분 동안 받을 수 있는 물의 양은 몇 L인지 구하기

② 3분 12초는 몇 분인지 소수로 나타내기

③ 욕조에 3분 12초 동안 받을 수 있는 물의 양은 몇 L인지 구하기

바른답 • 알찬풀이 02쪽

7 하루에 $2\frac{1}{4}$분씩 느려지는 시계를 오늘 오전 9시에 정확하게 맞추어 놓았습니다. 8일 후 오전 9시에 이 시계가 가리키는 시각은 오전 몇 시 몇 분입니까?

8 재윤이네 꽃밭의 가로와 세로를 각각 1.5배씩 늘려 새로운 꽃밭을 만들려고 합니다. 새로운 꽃밭의 넓이는 몇 m^2입니까?

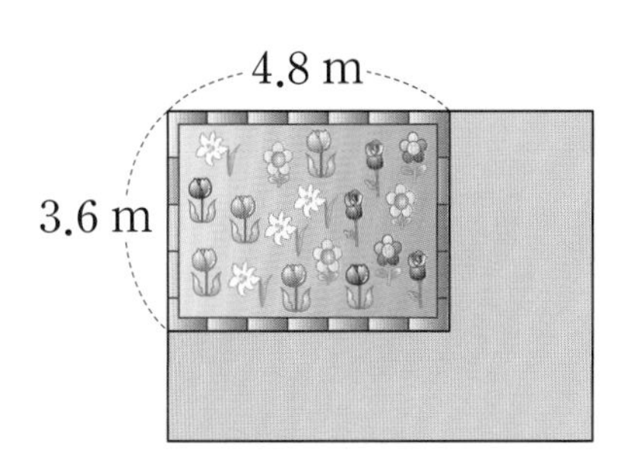

9 자전거를 타고 일정한 빠르기로 한 시간에 연수는 $5\frac{1}{3}$ km, 정우는 $6\frac{1}{6}$ km를 갑니다. 연수와 정우가 직선 도로의 같은 위치에서 동시에 출발하여 서로 반대 방향으로 이동했습니다. 1시간 20분 후에 두 사람 사이의 거리는 몇 km입니까?

익히기

그림을 그려 해결하기

1 상진이는 용돈으로 10000원을 받았습니다. 그중에서 $\frac{1}{4}$은 저금을 했고, 저금을 하고 남은 돈의 $\frac{3}{5}$으로 선물을 샀습니다. 상진이에게 남은 용돈은 얼마입니까?

문제 분석 구하려는 것에 밑줄을 긋고 주어진 조건을 정리해 보시오.

• 상진이의 용돈: ☐원

• 저금한 돈: 용돈의 ☐ • 선물을 산 돈: 저금을 하고 남은 돈의 ☐

해결 전략 상진이가 쓴 용돈을 그림으로 나타내 봅니다.

풀이 ❶ 상진이가 쓴 용돈을 그림으로 나타내기

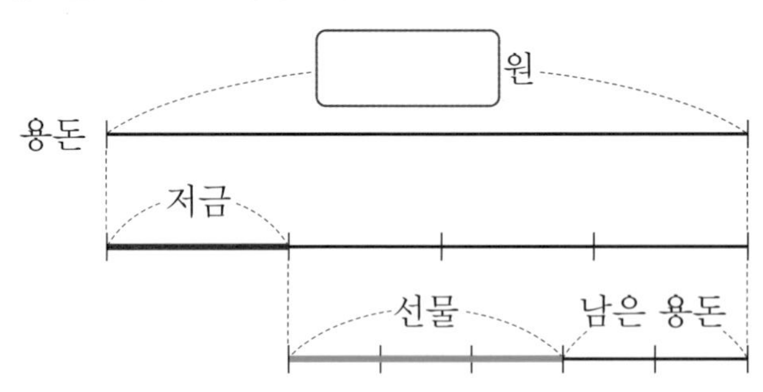

❷ 상진이가 저금을 하고 남은 돈은 얼마인지 구하기

저금을 하고 남은 돈은 용돈의 1−☐=☐입니다.

➡ (저금을 하고 남은 돈)=10000×☐=☐(원)

❸ 상진이가 선물을 사고 남은 용돈은 얼마인지 구하기

선물을 사고 남은 용돈은 저금을 하고 남은 돈의 1−☐=☐입니다.

➡ (상진이가 선물을 사고 남은 용돈)=☐×☐=☐(원)

답 ☐원

바른답 • 알찬풀이 03쪽

2

소영이네 가족은 1분에 1.72 km를 달리는 기차를 탔습니다. 이 기차가 터널을 완전히 통과하는 데 4분 30초가 걸렸습니다. 기차의 길이가 250 m일 때 터널의 길이는 몇 km입니까?

문제 분석 구하려는 것에 밑줄을 긋고 주어진 조건을 정리해 보시오.

- 기차의 빠르기: 1분에 ☐ km를 달립니다.
- 기차가 터널을 완전히 통과하는 데 걸린 시간: ☐분 ☐초
- 기차의 길이: ☐ m

해결 전략 그림을 그려 기차가 터널을 완전히 통과한 거리와 터널의 길이, 기차의 길이와의 관계를 알아봅니다.

풀이

❶ 기차가 터널을 완전히 통과한 거리 알아보기

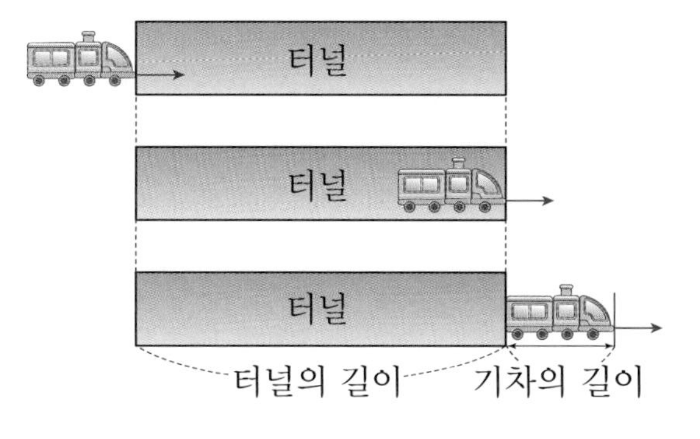

(기차가 터널을 완전히 통과한 거리)
=(터널의 길이)+(☐의 길이)

❷ 터널의 길이는 몇 km인지 구하기

4분 30초는 몇 분인지 소수로 나타내면 $4\frac{☐}{60}$분$=4\frac{☐}{10}$분$=$☐분

➡ (기차가 터널을 완전히 통과한 거리)=1.72×☐=☐(km),

(기차의 길이)=250 m=☐ km이므로

(터널의 길이)=☐−☐=☐(km)입니다.

답 ☐ km

그림을 그려 해결하기

한 대각선의 길이가 $2\frac{5}{6}$ cm인 정오각형이 있습니다. 정오각형에 그릴 수 있는 모든 대각선의 길이의 합은 몇 cm입니까?

❶ 정오각형에 그릴 수 있는 대각선 모두 그리기

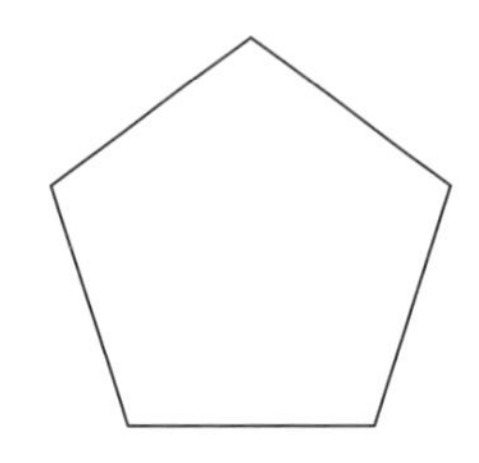

❷ 정오각형에 그릴 수 있는 모든 대각선의 길이의 합은 몇 cm인지 구하기

상권이네 집에서 모를 심기 위해 만들어 놓은 모판은 가로가 0.8 m, 세로가 0.65 m인 직사각형 모양입니다. 모판의 넓이는 몇 m^2입니까?

❶ 모판의 넓이를 모눈종이에 나타내기

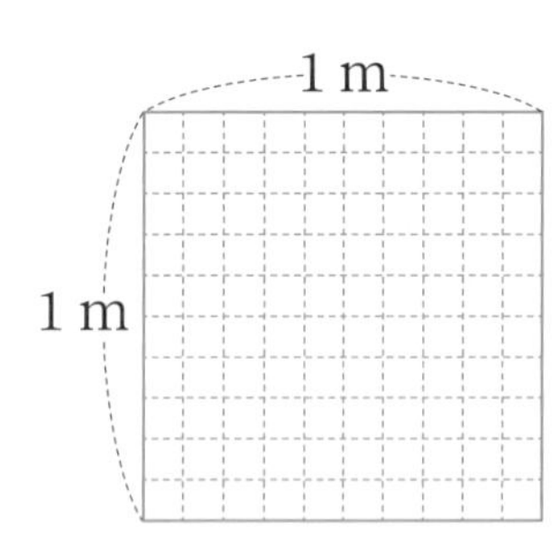

❷ 모판의 넓이는 몇 m^2인지 구하기

바른답 • 알찬풀이 03쪽

3

영서는 가지고 있던 초콜릿 중 $\frac{1}{3}$을 언니에게 주고, 나머지의 $\frac{2}{5}$를 친구에게 주었습니다. 영서에게 남은 초콜릿이 12개일 때 영서가 처음에 가지고 있던 초콜릿은 몇 개입니까?

❶ 영서가 언니와 친구에게 준 초콜릿 수를 그림으로 나타내기

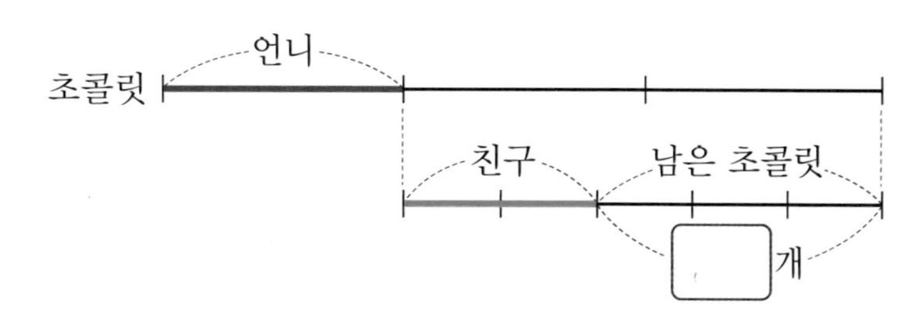

❷ 영서가 처음에 가지고 있던 초콜릿은 몇 개인지 구하기

4

가로가 5.5 cm, 세로가 4.52 cm인 직사각형 모양의 종이에서 세로를 1.8 cm만큼 줄여 새로운 직사각형 모양을 만들었습니다. 만든 직사각형의 넓이는 몇 cm^2입니까?

❶ 세로를 줄여 만든 직사각형을 그림으로 나타내기

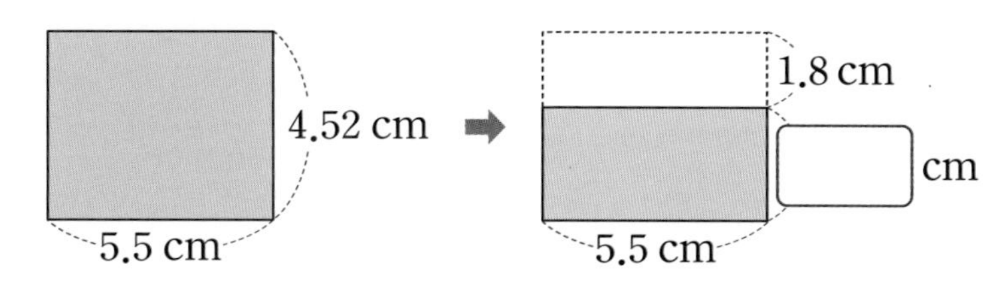

❷ 만든 직사각형의 넓이는 몇 cm^2인지 구하기

그림을 그려 해결하기

5 일정한 빠르기로 1분에 $1\frac{1}{6}$ km를 달리는 버스와 $1\frac{2}{3}$ km를 달리는 자동차가 있습니다. 이 버스와 자동차는 직선 거리인 ㉮ 지점과 ㉯ 지점에서 마주 보고 동시에 출발하여 2분 후에 만났습니다. ㉮ 지점과 ㉯ 지점 사이의 거리는 몇 km입니까?

❶ 버스와 자동차가 2분 동안 달린 거리는 각각 몇 km인지 구하기

❷ 버스와 자동차가 만난 지점과 2분 동안 달린 거리를 그림으로 나타내기

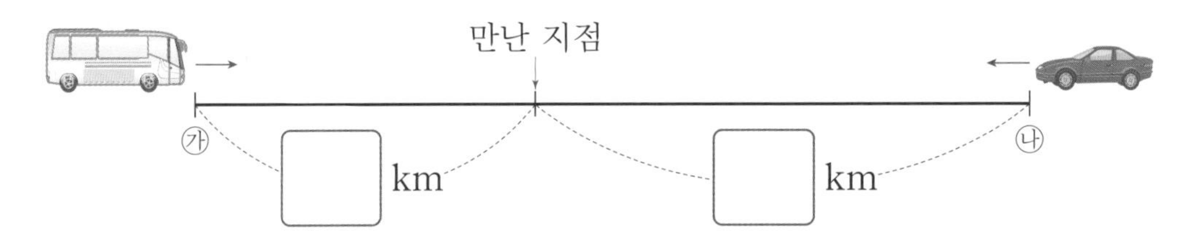

❸ ㉮ 지점과 ㉯ 지점 사이의 거리는 몇 km인지 구하기

6 윤희는 한 변의 길이가 2.8 cm인 정삼각형 모양의 타일 6개로 무늬를 만들고 무늬의 둘레에 빨간색 띠를 두르려고 합니다. 빨간색 띠를 가장 짧게 사용하도록 타일을 놓을 때 필요한 빨간색 띠의 길이는 몇 cm입니까?

❶ 빨간색 띠를 가장 짧게 사용하려면 타일을 어떻게 놓아야 하는지 그리기

❷ 필요한 빨간색 띠의 길이는 몇 cm인지 구하기

바른답 • 알찬풀이 04쪽

7

어느 동물원에 있는 코끼리 열차가 1분에 35 m를 가는 빠르기로 달려 168 m 길이의 터널을 완전히 통과하는 데 5분 24초가 걸렸습니다. 이 코끼리 열차의 길이는 몇 m 입니까?

8

선정이는 포도 맛 사탕과 딸기 맛 사탕을 합하여 모두 54개 가지고 있습니다. 포도 맛 사탕의 $\frac{1}{4}$과 딸기 맛 사탕의 $\frac{1}{5}$이 같다면 딸기 맛 사탕은 몇 개입니까?

9

문해동 주민 14000명 중 $\frac{4}{7}$는 문해 1동에 거주하고 있습니다. 문해 1동 거주민 중 $\frac{3}{4}$은 대중교통을 이용하여 출근하고, 이 중 $\frac{2}{3}$는 버스를 이용합니다. 문해 1동 거주민 중 출근할 때 버스를 이용하는 사람은 몇 명입니까?

익히기

규칙을 찾아 해결하기

1

오른쪽은 규칙에 따라 분수를 늘어놓은 것입니다.
넷째 줄에 있는 분수를 모두 곱하면 얼마입니까?

	$\frac{1}{2}$		첫째
$\frac{2}{3}$		$\frac{3}{4}$	둘째
$\frac{4}{5}$	$\frac{5}{6}$	$\frac{6}{7}$	셋째
	⋮		

문제 분석 **구하려는 것에 밑줄을 긋고 주어진 조건을 정리해 보시오.**

규칙에 따라 늘어놓은 분수

해결 전략 분수를 늘어놓은 규칙을 찾아 넷째 줄에 있는 분수를 모두 구합니다.

풀이

① 분수를 늘어놓은 규칙 찾기

- 분수가 첫째 줄에 1개, 둘째 줄에 2개, 셋째 줄에 □개 놓입니다.

➡ 넷째 줄에는 □개 놓입니다.

- 늘어놓은 분수를 첫째 줄부터 차례로 나열하면

$\frac{1}{2}$, $\frac{2}{3}$, $\frac{3}{4}$, □, □, □......

➡ 분모는 2부터 □씩 커지고, 분자는 1부터 □씩 커지는 규칙입니다.

② 넷째 줄에 있는 분수를 모두 곱하면 얼마인지 구하기

넷째 줄에 있는 분수는 $\frac{\square}{8}$, □, □, □이므로

모두 곱하면 $\frac{\square}{8} \times \square \times \square \times \square = \square$입니다.

답 □

바른답 • 알찬풀이 05쪽

2

0.4를 100번 곱했을 때 곱의 소수점 아래 끝자리 숫자를 구하시오.

$0.4 \times 0.4 \times 0.4 \times \cdots\cdots \times 0.4 \times 0.4 \times 0.4$ (100번)

문제 분석 구하려는 것에 밑줄을 긋고 주어진 조건을 정리해 보시오.

☐를 100번 곱한 곱셈식

해결 전략 0.4를 여러 번 곱했을 때 곱의 소수점 아래 끝자리 숫자의 규칙을 찾아 0.4를 ☐번 곱했을 때 곱의 소수점 아래 끝자리 숫자를 구합니다.

풀이

❶ 0.4를 계속 곱해 나갈 때 곱의 소수점 아래 끝자리 숫자의 규칙 찾기

$0.4=0.4$

$0.4 \times 0.4=0.16$

$0.4 \times 0.4 \times 0.4=$ ☐

$0.4 \times 0.4 \times 0.4 \times 0.4=$ ☐

⋮

곱의 소수점 아래 끝자리 숫자는 ☐, ☐이 반복되는 규칙입니다.

❷ 0.4를 100번 곱했을 때 곱의 소수점 아래 끝자리 숫자 구하기

$100 \div 2=$ ☐이므로 0.4를 100번 곱했을 때 곱의 소수점 아래 끝자리 숫자는 0.4를 (1 , 2)번 곱했을 때 곱의 소수점 아래 끝자리 숫자와 같습니다.

따라서 0.4를 100번 곱했을 때 곱의 소수점 아래 끝자리 숫자는 ☐입니다.

답 ☐

규칙을 찾아 해결하기

1 규칙에 따라 늘어놓은 분수를 모두 곱하면 얼마입니까?

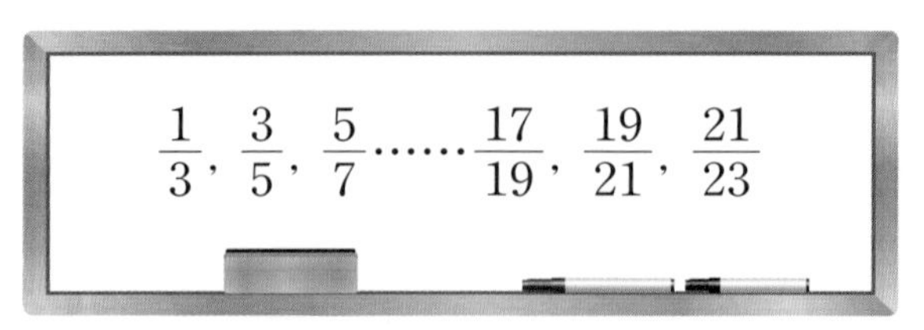

❶ 늘어놓은 분수에서 규칙 찾기

❷ 늘어놓은 분수를 모두 곱하면 얼마인지 구하기

2 어떤 수를 넣으면 일정한 규칙에 따라 바뀐 수가 나오는 요술 상자가 있습니다. 이 상자에 35.7을 넣었을 때 나오는 수를 구하시오.

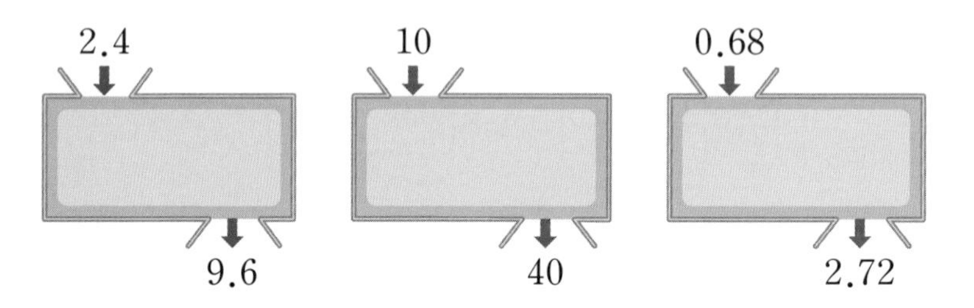

❶ 요술 상자에 넣은 수가 바뀌는 규칙 찾기

❷ 요술 상자에 35.7을 넣었을 때 나오는 수 구하기

바른답 • 알찬풀이 05쪽

3

다음을 보고 규칙을 찾아 0.3을 50번 곱했을 때 곱의 소수 50째 자리 숫자를 구하시오.

$0.3=0.3$
$0.3\times0.3=0.09$
$0.3\times0.3\times0.3=0.027$
$0.3\times0.3\times0.3\times0.3=0.0081$
$0.3\times0.3\times0.3\times0.3\times0.3=0.00243$
⋮

❶ 0.3을 계속 곱해 나갈 때 곱의 소수점 아래 끝자리 숫자의 규칙 찾기

❷ 0.3을 50번 곱했을 때 곱의 소수 50째 자리 숫자 구하기

4

오른쪽 그림과 같이 넓이가 36 cm^2인 정삼각형을 그리고 이 정삼각형의 세 변의 한가운데를 이어 정삼각형을 계속 그렸습니다. 셋째로 그린 정삼각형의 넓이는 몇 cm^2입니까?

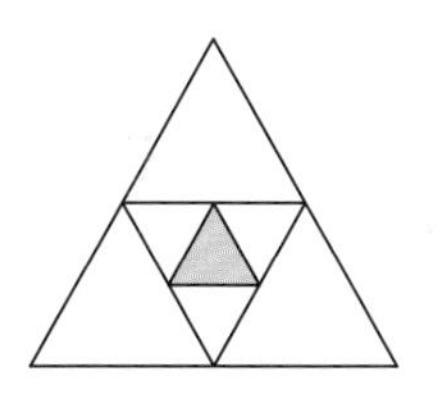

❶ 정삼각형을 한 개씩 더 그릴 때마다 정삼각형의 넓이는 몇 분의 몇으로 줄어드는지 규칙 찾기

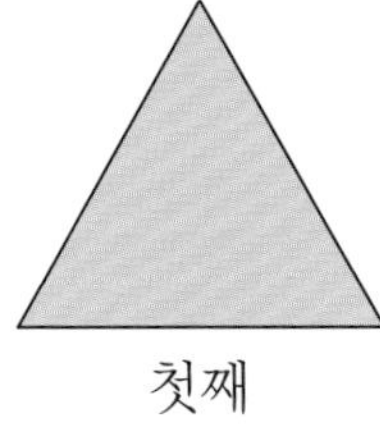

첫째

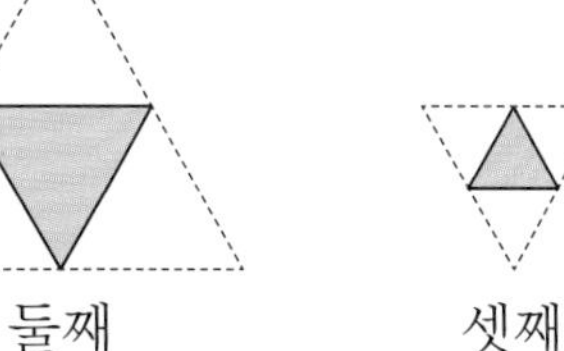

둘째　　셋째

정삼각형을 한 개씩 더 그릴 때마다 정삼각형의 넓이는 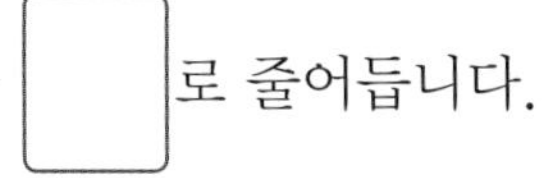 로 줄어듭니다.

❷ 셋째로 그린 정삼각형의 넓이는 몇 cm^2인지 구하기

규칙을 찾아 해결하기

5 다음에서 규칙을 찾아 25◈3의 값을 기약분수로 나타내시오.

2◈1=0.2

30◈2=0.3

180◈4=0.018

❶ ◈의 규칙 찾기

❷ 25◈3의 값을 기약분수로 나타내기

6 과학 실험실에서 매일 사용한 묽은 염산 용액의 양을 요일별로 적어 놓은 표를 보았더니 일정한 규칙이 있었습니다. 이와 같은 규칙으로 묽은 염산 용액을 사용한다면 금요일에 사용한 묽은 염산 용액의 양은 몇 L입니까?

요일	월	화	수	목	금
사용한 묽은 염산 용액의 양(L)	$\frac{2}{3}$	$\frac{4}{9}$	$\frac{8}{27}$	$\frac{16}{81}$	

❶ 사용한 묽은 염산 용액의 양의 규칙 찾기

❷ 금요일에 사용한 묽은 염산 용액의 양은 몇 L인지 구하기

바른답 • 알찬풀이 06쪽

7 다음은 일정한 규칙에 따라 수를 늘어놓은 것입니다. 15째에 놓일 수를 구하시오.

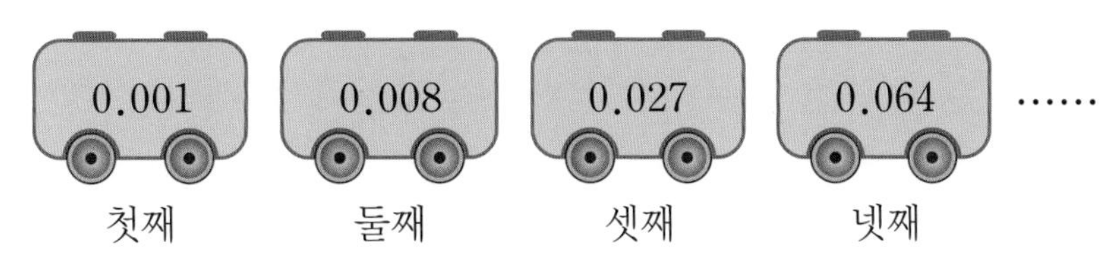

8 규칙에 따라 분수를 늘어놓은 것입니다. 첫째 분수부터 50째 분수까지 모두 곱하면 얼마인지 구하시오.

$$\frac{1}{4}, \frac{4}{7}, \frac{7}{10}, \frac{10}{13}, \frac{13}{16}......$$

9 오른쪽 그림과 같이 한 변의 길이가 $1\frac{1}{3}$ cm인 정사각형을 그리고 이 정사각형의 각 변의 한가운데 점을 이어 사각형을 계속 그렸습니다. 색칠한 정사각형의 넓이는 몇 cm^2입니까?

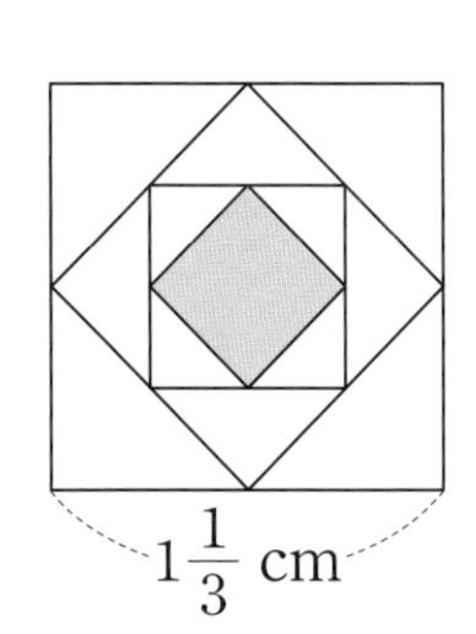

익히기

조건을 따져 해결하기

1 평행사변형 나의 넓이는 직사각형 가의 넓이의 몇 배입니까?

가 1.6 cm 3.2 cm

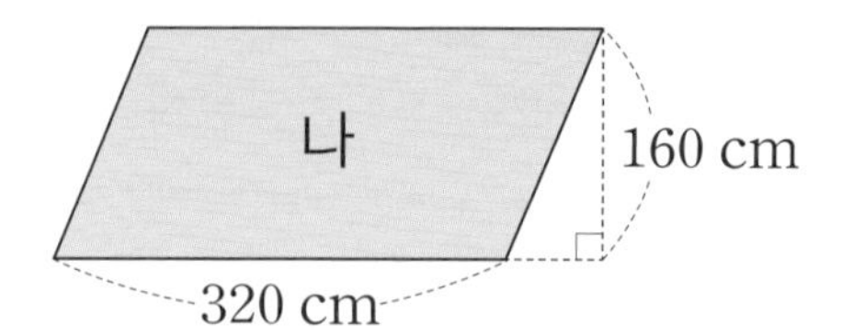

문제 분석 구하려는 것에 밑줄을 긋고 주어진 조건을 정리해 보시오.

- 직사각형 가: 가로 3.2 cm, 세로 1.6 cm
- 평행사변형 나: 밑변의 길이 ☐ cm, 높이 ☐ cm

해결 전략 직사각형 가와 평행사변형 나의 넓이에서 자연수의 곱이 같으므로 곱의 소수점의 위치를 비교해 봅니다.

풀이

❶ 직사각형 가와 평행사변형 나의 넓이를 (☐$\times 32 \times 16$) cm^2로 나타내기

- (직사각형 가의 넓이)$=$(가로)$\times$(세로)
  $=3.2 \times 1.6$
  $=$☐$\times 32 \times 16$ (cm^2)
- (평행사변형 나의 넓이)$=$(밑변의 길이)$\times$(높이)
  $=320 \times 160$
  $=$☐$\times 32 \times 16$ (cm^2)

❷ 평행사변형 나의 넓이는 직사각형 가의 넓이의 몇 배인지 구하기

100은 0.01의 ☐배입니다.

➡ 평행사변형 나의 넓이는 직사각형 가의 넓이의 ☐배입니다.

답 ☐배

바른답 • 알찬풀이 07쪽

2

떨어진 높이의 $\frac{3}{4}$만큼 튀어 오르는 공이 있습니다. 이 공을 12 m 높이에서 떨어뜨렸더니 다음과 같이 움직였습니다. ㉠과 ㉡의 차는 몇 m입니까? (단, 공은 수직으로만 움직입니다.)

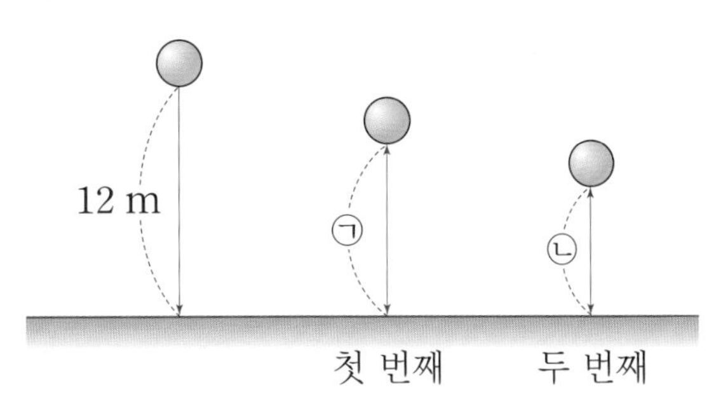

문제 분석 구하려는 것에 밑줄을 긋고 주어진 조건을 정리해 보시오.

- 떨어진 높이의 ☐만큼 튀어 오르는 공
- 처음 공을 떨어뜨린 높이: ☐ m

해결 전략 공을 떨어뜨렸을 때 첫 번째, 두 번째 튀어 오른 공의 높이를 각각 구합니다.

풀이

❶ ㉠과 ㉡은 각각 몇 m인지 구하기

- ㉠=(떨어뜨린 높이)×☐=☐×☐=☐ (m)
- ㉡=㉠×☐=☐×☐=$\frac{☐}{4}$=☐ (m)

❷ ㉠과 ㉡의 차는 몇 m인지 구하기

㉠−㉡=☐−☐=☐ (m)

답 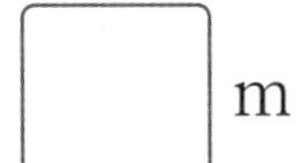 m

조건을 따져 해결하기

1 □ 안에 들어갈 수 있는 자연수를 모두 구하시오.

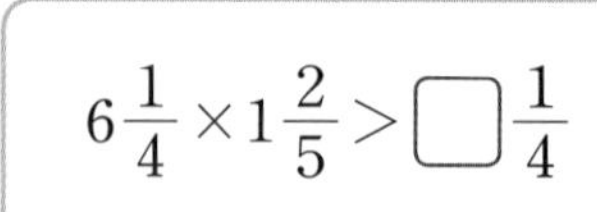

❶ $6\frac{1}{4}\times1\frac{2}{5}$를 계산한 값 구하기

❷ □ 안에 들어갈 수 있는 자연수 모두 구하기

2 다음에서 ㉠은 ㉡의 몇 배인지 구하시오.

㉠ 6.3×5.8　　　㉡ 0.63×0.58

❶ ㉠과 ㉡을 $\square\times63\times58$로 나타내기

❷ ㉠은 ㉡의 몇 배인지 구하기

바른답 • 알찬풀이 07쪽

3 어떤 수에 $1\frac{1}{3}$을 곱해야 할 것을 잘못하여 더했더니 $1\frac{11}{15}$이 되었습니다. 바르게 계산한 값을 구하시오.

❶ 어떤 수 구하기

❷ 바르게 계산한 값 구하기

4 ㉠과 ㉡에 공통으로 들어갈 수 있는 자연수는 모두 몇 개입니까?

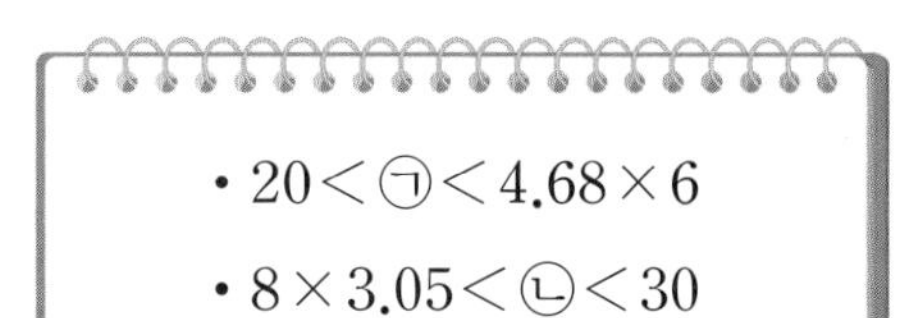

❶ ㉠에 들어갈 수 있는 자연수 모두 구하기

❷ ㉡에 들어갈 수 있는 자연수 모두 구하기

❸ ㉠과 ㉡에 공통으로 들어갈 수 있는 자연수는 모두 몇 개인지 구하기

조건을 따져 해결하기

5 떨어진 높이의 0.7만큼 튀어 오르는 공이 있습니다. 이 공을 높이가 20 m인 곳에서 떨어뜨렸을 때, 공이 두 번째로 땅에 닿을 때까지 움직인 전체 거리는 몇 m입니까? (단, 공은 수직으로만 움직입니다.)

❶ 공이 첫 번째로 튀어 오르는 높이는 몇 m인지 구하기

❷ 공이 두 번째로 땅에 닿을 때까지 움직인 전체 거리는 몇 m인지 구하기

6 수 카드 6장을 한 번씩만 사용하여 진분수 3개를 만들고 만든 세 분수의 곱셈을 하려고 합니다. 계산 결과가 가장 작을 때의 곱을 구하시오.

❶ 분모와 분자에 각각 필요한 수 카드 고르기

❷ 계산 결과가 가장 작을 때의 곱 구하기

바른답 • 알찬풀이 08쪽

7 식 $6\frac{2}{3} \times \frac{\square}{5}$의 계산 결과가 자연수가 되도록 □ 안에 알맞은 수를 구하시오.

(단, $\frac{\square}{5}$는 진분수입니다.)

8 두께가 일정한 통나무 10 cm의 무게는 8.45 kg입니다. 이 통나무 10 m의 무게는 몇 kg입니까?

9 4장의 수 카드 2, 4, 7, 9 를 □ 안에 한 번씩만 써넣어 곱을 구하려고 합니다. 곱이 가장 크게 되도록 만든 식의 값을 구하시오.

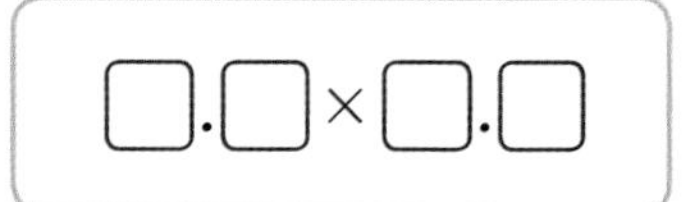

단순화하여 해결하기

1

나무 막대를 똑같이 21도막으로 자르려고 합니다. 한 번 자르는 데 $1\frac{1}{5}$분씩 걸린다면 같은 빠르기로 쉬지 않고 나무 막대를 모두 자르는 데 걸리는 시간은 몇 분입니까?

문제 분석 구하려는 것에 밑줄을 긋고 주어진 조건을 정리해 보시오.

- 나무 막대를 똑같이 자르는 도막 수: □도막
- 한 번 자르는 데 걸리는 시간: □분

해결 전략 자르는 도막 수는 나무 막대를 자르는 횟수에 따라 달라지므로 2도막으로 자를 때, 3도막으로 자를 때를 알아본 후 문제를 해결합니다.

풀이

❶ 나무 막대를 21도막으로 자를 때 자르는 횟수 알아보기

- 2도막으로 자를 때

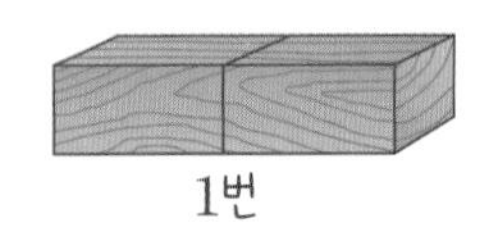

(자르는 횟수)$=2-1=$□(번)

- 3도막으로 자를 때

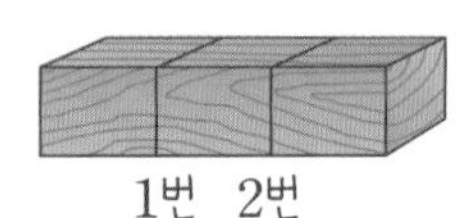

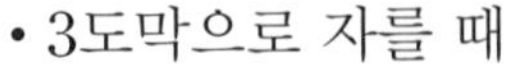

(자르는 횟수)$=3-$□$=$□(번)

➡ (나무 막대를 21도막으로 자를 때 자르는 횟수)$=21-$□$=$□(번)

❷ 나무 막대를 21도막으로 모두 자르는 데 걸리는 시간은 몇 분인지 구하기

(한 번 자르는 데 걸리는 시간)×(자르는 횟수)

$=$□×□$=\frac{□}{5}\times$□$=$□(분)

답 □분

2

길이가 0.87 m인 색 테이프 10장을 0.12 m씩 겹쳐서 이어 붙였습니다. 이어 붙인 색 테이프의 전체 길이는 몇 m입니까?

문제 분석 **구하려는 것에 밑줄을 긋고 주어진 조건을 정리해 보시오.**

• 길이가 0.87 m인 색 테이프 □장

• 색 테이프를 이어 붙일 때 겹쳐진 부분의 길이: □ m

해결 전략 색 테이프를 겹쳐서 이어 붙인 부분의 수는 색 테이프의 수에 따라 달라지므로 2장을 이어 붙일 때, 3장을 이어 붙일 때를 알아본 후 문제를 해결합니다.

풀이 **❶ 색 테이프 10장을 이어 붙일 때 겹쳐진 부분의 수 알아보기**

• 2장을 이어 붙일 때

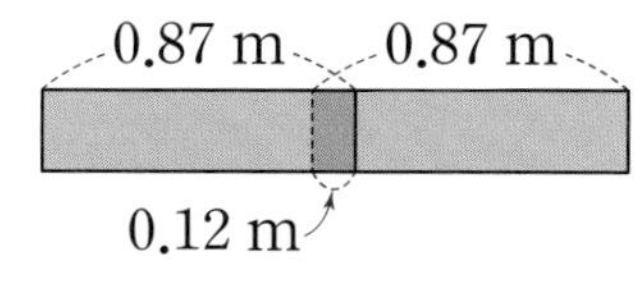

(겹쳐진 부분의 수)

=2−□=□(군데)

• 3장을 이어 붙일 때

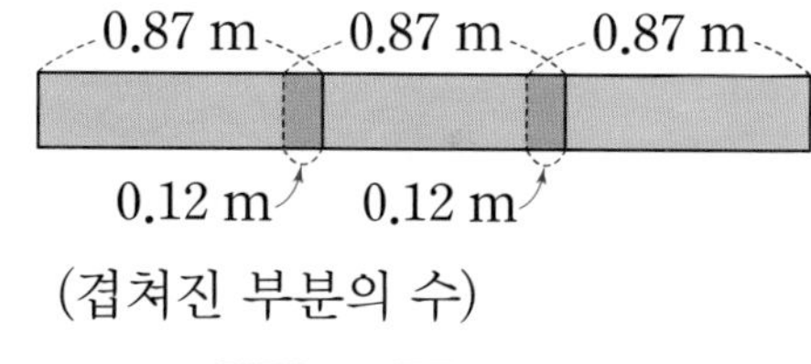

(겹쳐진 부분의 수)

=3−□=□(군데)

➡ (색 테이프 10장을 이어 붙일 때 겹쳐진 부분의 수)=10−□=□(군데)

❷ 색 테이프 10장을 이어 붙인 전체 길이는 몇 m인지 구하기

(색 테이프 10장의 길이의 합)=0.87×□=□ (m)

(겹쳐진 부분의 길이의 합)=0.12×□=□ (m)

➡ (색 테이프 10장을 이어 붙인 전체 길이)

=(색 테이프 10장의 길이의 합)−(겹쳐진 부분의 길이의 합)

=□−□=□ (m)

답  m

단순화하여 해결하기

1

직각으로 이루어진 도형의 둘레는 몇 cm입니까?

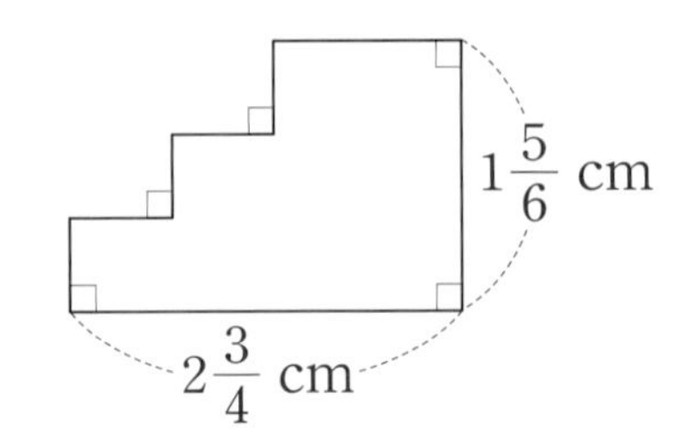

❶ 직사각형이 되도록 변을 옮겨 보고 □ 안에 알맞은 수 써넣기

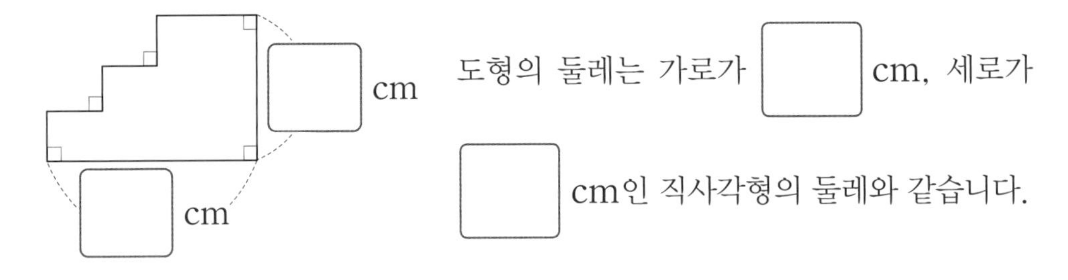

도형의 둘레는 가로가 □ cm, 세로가 □ cm인 직사각형의 둘레와 같습니다.

❷ 도형의 둘레는 몇 cm인지 구하기

2

어느 도로의 한쪽에 처음부터 끝까지 2.8 m 간격으로 나무를 8그루 심었습니다. 도로의 길이는 몇 m입니까? (단, 나무의 두께는 생각하지 않습니다.)

❶ 나무 2그루, 3그루를 심었을 때 나무와 나무 사이의 간격 수 알아보기

2그루를 심었을 때

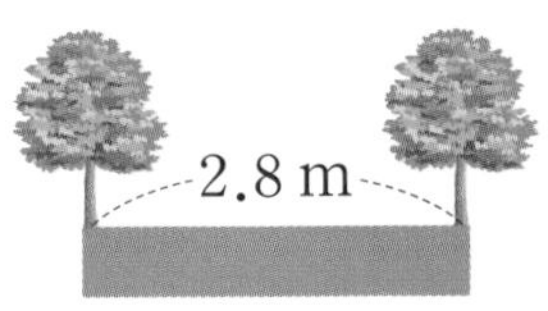

(나무와 나무 사이의 간격 수)
=2−□=□(군데)

3그루를 심었을 때

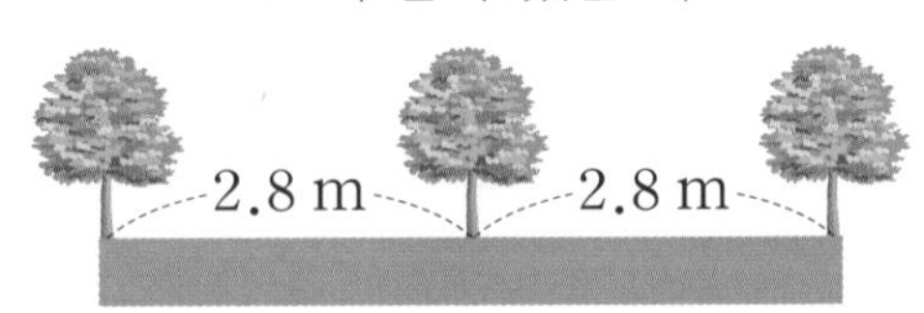

(나무와 나무 사이의 간격 수)
=3−□=□(군데)

❷ 나무를 8그루 심을 때 나무와 나무 사이의 간격은 몇 군데인지 구하기

❸ 도로의 길이는 몇 m인지 구하기

바른답 • 알찬풀이 09쪽

3

길이가 6.3 cm인 색 테이프 7장을 원 모양으로 0.3 cm씩 겹치게 이어 붙였습니다. 원 모양으로 이어 붙인 색 테이프의 길이는 몇 cm입니까?

1 색 테이프 1장, 2장을 이어 붙일 때 겹치는 부분의 수 알아보기

1장을 이어 붙일 때

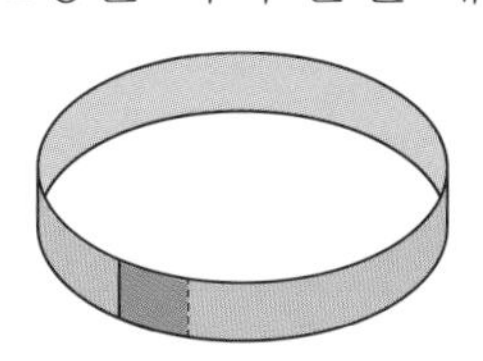

(겹치는 부분의 수)=□군데

2장을 이어 붙일 때

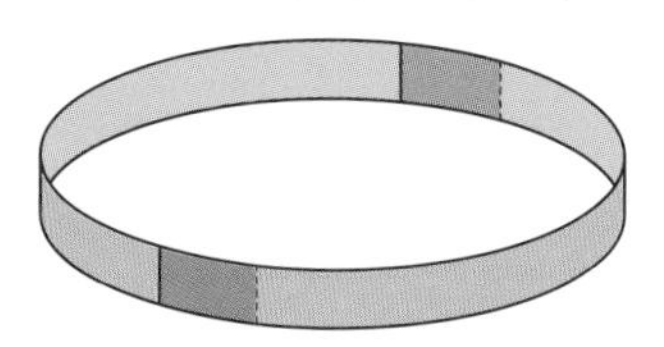

(겹치는 부분의 수)=□군데

2 색 테이프 7장을 원 모양으로 이어 붙일 때 겹치는 부분은 몇 군데인지 구하기

3 원 모양으로 이어 붙인 색 테이프의 길이는 몇 cm인지 구하기

4

도형에서 색칠한 부분의 넓이는 몇 m^2입니까?

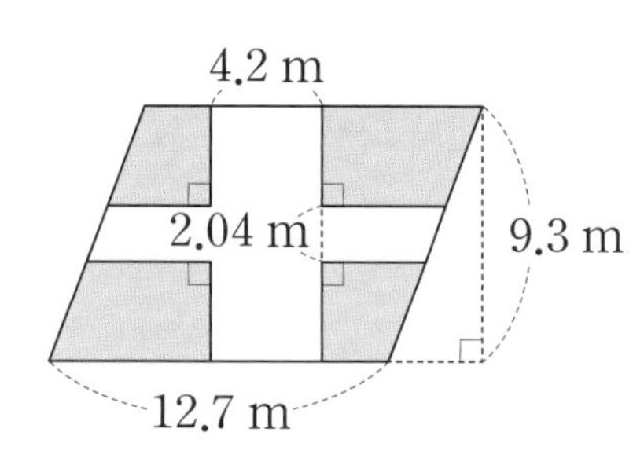

1 색칠한 부분을 겹치지 않게 이어 붙여 새로운 평행사변형을 만들고 □ 안에 알맞은 수 써넣기

밑변의 길이가 12.7−□=□(m), 높이가 9.3−□=□(m)인 평행사변형이 됩니다.

2 색칠한 부분의 넓이는 몇 m^2인지 구하기

단순화하여 해결하기

5 길이가 $8\frac{2}{3}$ cm인 색 테이프 30장을 $\frac{8}{9}$ cm씩 겹쳐서 이어 붙였습니다. 이어 붙인 색 테이프의 전체 길이는 몇 cm입니까?

❶ **색 테이프 2장, 3장을 이어 붙일 때 겹쳐진 부분의 수 알아보기**

2장을 이어 붙일 때

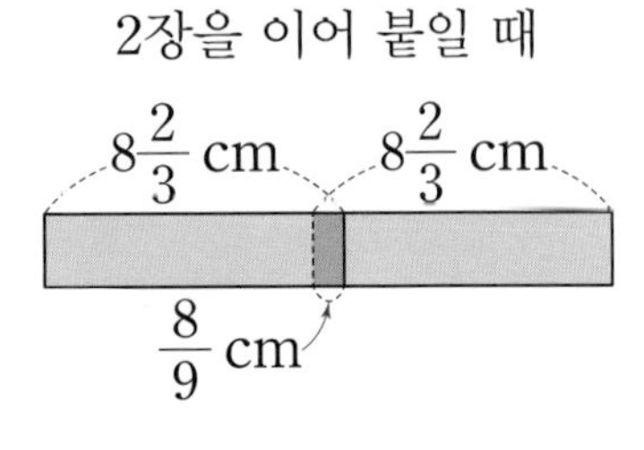

(겹쳐진 부분의 수)

=2−□=□(군데)

3장을 이어 붙일 때

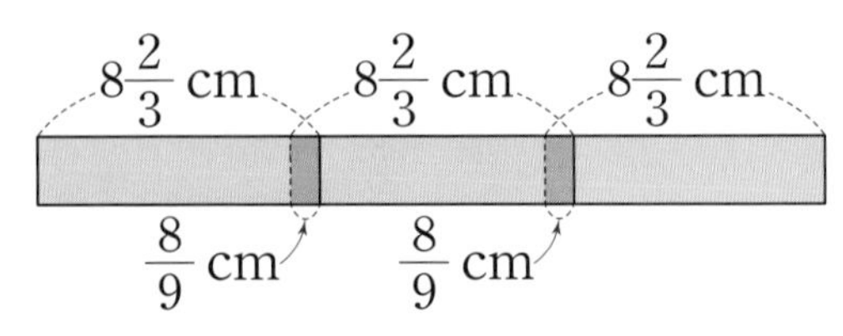

(겹쳐진 부분의 수)

=3−□=□(군데)

❷ **색 테이프 30장을 이어 붙일 때 겹쳐진 부분은 몇 군데인지 구하기**

❸ **색 테이프 30장을 이어 붙인 전체 길이는 몇 cm인지 구하기**

6 원 모양의 호수 둘레에 0.3 km 간격으로 나무를 모두 심었더니 첫 번째 나무와 9번째 나무가 마주 보게 되었습니다. 호수 둘레는 몇 km입니까? (단, 나무의 두께는 생각하지 않습니다.)

❶ **첫 번째 나무와 두 번째, 세 번째 나무가 마주 볼 때 나무와 나무 사이의 간격 수 알아보기**

첫 번째, 두 번째 나무가 마주 볼 때

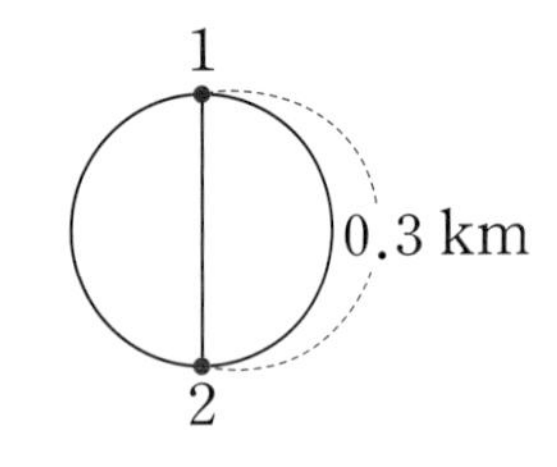

(나무와 나무 사이의 간격 수)

=(2−1)×□=□(군데)

첫 번째, 세 번째 나무가 마주 볼 때

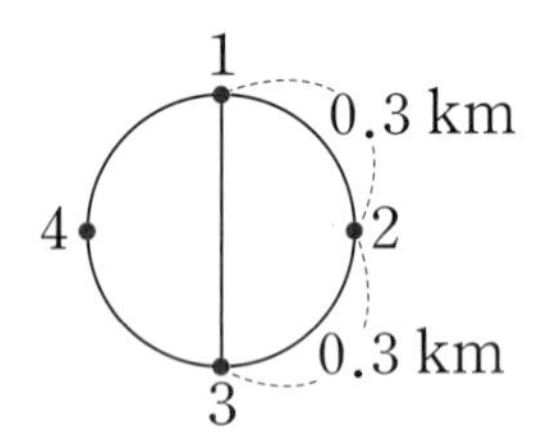

(나무와 나무 사이의 간격 수)

=(3−1)×□=□(군데)

❷ **첫 번째 나무와 9번째 나무가 마주 볼 때 나무와 나무 사이의 간격은 몇 군데인지 구하기**

❸ **첫 번째 나무와 9번째 나무가 마주 볼 때 호수의 둘레는 몇 km인지 구하기**

바른답 • 알찬풀이 09쪽

7

어느 도로의 양쪽에 $\frac{3}{5}$ km 간격으로 가로등 32개를 설치하려고 합니다. 가로등을 도로의 처음부터 끝까지 설치한다면 도로의 길이는 몇 km입니까? (단, 가로등의 굵기는 생각하지 않습니다.)

8

길이가 14.5 cm인 색 테이프 12장을 그림과 같이 일정한 간격으로 겹치게 이어 붙였더니 전체 길이가 152 cm가 되었습니다. 색 테이프를 몇 cm씩 겹치게 붙였습니까?

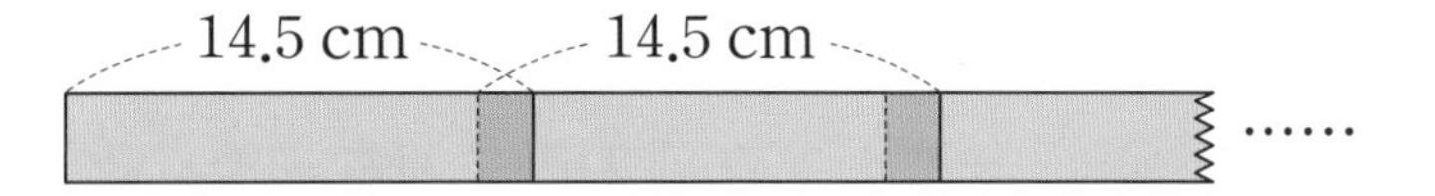

9

유진이는 길이가 3.4 cm인 끈 20개를 연결하여 원 모양의 머리띠를 만들었습니다. 끈을 연결할 때 매듭으로 사용한 부분의 길이가 0.8 cm씩이라면 유진이가 만든 머리띠의 전체 길이는 몇 cm입니까?

수·연산 마무리하기 1회

식을 만들어 해결하기

1 하영이는 어제 책 한 권의 $\frac{1}{4}$을 읽었고 오늘은 어제 읽고 난 나머지의 $\frac{5}{9}$를 읽었습니다. 책 한 권이 180쪽이라면 오늘 읽은 양은 몇 쪽입니까?

규칙을 찾아 해결하기

2 0.7을 70번 곱했을 때 곱의 소수 70째 자리 숫자를 구하시오.

$0.7=0.7$
$0.7\times0.7=0.49$
$0.7\times0.7\times0.7=0.343$
$0.7\times0.7\times0.7\times0.7=0.2401$
$0.7\times0.7\times0.7\times0.7\times0.7=0.16807$
⋮

조건을 따져 해결하기

3 3장의 수 카드를 한 번씩만 사용하여 만들 수 있는 가장 큰 대분수와 가장 작은 대분수의 곱을 구하시오.

조건을 따져 해결하기

4 어떤 수에 4.1을 곱해야 할 것을 잘못하여 나누었더니 5가 되었습니다. 바르게 계산한 값을 구하시오.

조건을 따져 해결하기

5 다음 식의 계산 결과가 자연수일 때 □ 안에 들어갈 수 있는 자연수는 모두 몇 개입니까? (단, $\frac{5}{\square}$는 진분수입니다.)

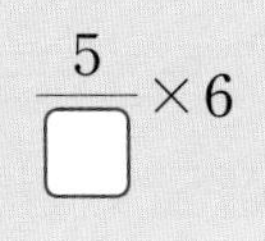

조건을 따져 해결하기

6 떨어진 높이의 $\frac{9}{10}$만큼 튀어 오르는 공이 있습니다. 이 공을 40 m 높이에서 떨어뜨렸을 때 공이 세 번째로 땅에 닿을 때까지 움직인 거리는 모두 몇 m입니까? (단, 공은 수직으로만 움직입니다.)

식을 만들어 해결하기

7 민아는 1분에 32.2 m, 예지는 1분에 28.4 m를 걷습니다. 두 사람이 같은 지점에서 동시에 출발하여 같은 방향을 향해 각각 일정한 빠르기로 걸었습니다. 6분 24초 후에 두 사람 사이의 거리는 몇 m입니까?

그림을 그려 해결하기

8 어느 학교의 5학년 학생 중에서 남학생은 전체 학생의 $\frac{4}{7}$보다 8명이 적고, 여학생은 128명입니다. 이 학교의 5학년 남학생은 몇 명입니까?

바른답 • 알찬풀이 11쪽

단순화하여 해결하기

9 오른쪽 그림과 같이 직사각형 모양의 땅에 폭이 일정한 길을 냈습니다. ㄱ과 ㄴ 사이의 거리는 전체 땅의 가로 길이의 $\frac{1}{4}$이고, ㄷ과 ㄹ 사이의 거리는 전체 땅의 세로 길이의 $\frac{1}{3}$입니다. 길을 내기 전 전체 땅의 넓이가 480 m^2일 때 색칠한 부분의 넓이는 몇 m^2입니까?

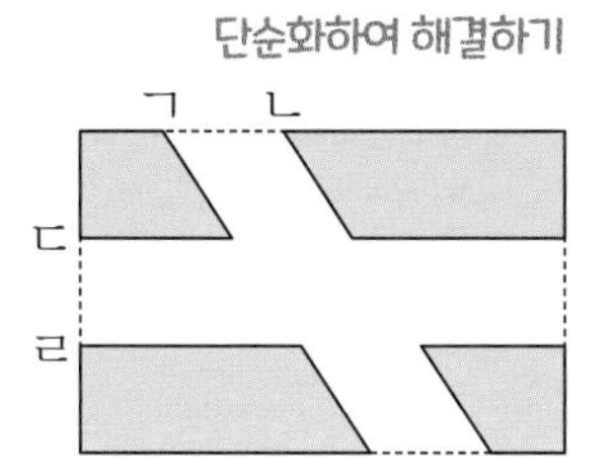

조건을 따져 해결하기

10 5장의 수 카드 8, 3, 5, 2, 6 을 □ 안에 한 번씩만 써넣어 곱을 구하려고 합니다. 곱이 가장 크게 되도록 만든 식의 값을 구하시오.

□.□□×□.□

10점 X ______ 개 = ______ 점

문제풀이 동영상

수·연산 마무리하기 2회

1 □ 안에 알맞은 수를 구하시오.

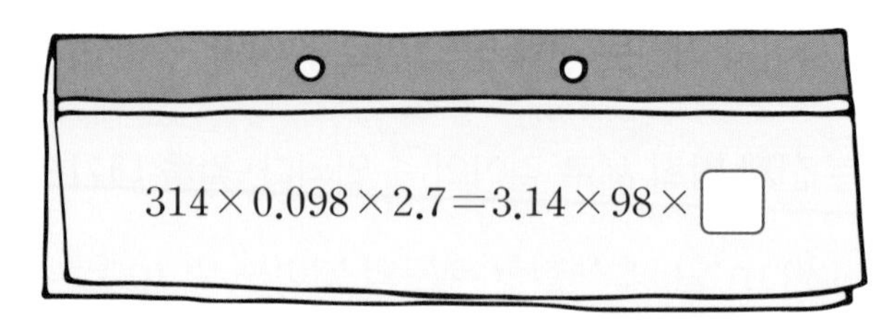

2 수직선에서 $2\frac{1}{6}$과 $4\frac{5}{6}$ 사이를 4등분 한 것입니다. □ 안에 알맞은 수를 구하시오.

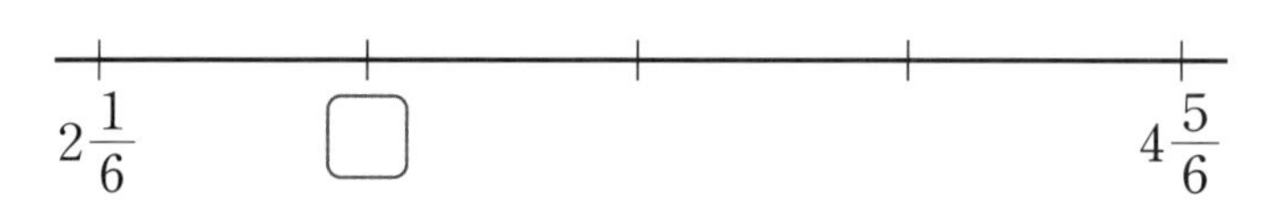

바른답 • 알찬풀이 12쪽

3 어떤 일을 하는 데 1시간에 ㉠ 기계는 전체의 $\frac{1}{5}$을, ㉡ 기계는 전체의 $\frac{1}{6}$을 할 수 있다고 합니다. 같은 빠르기로 2시간 동안 ㉠과 ㉡ 기계가 같이 일을 했다면 두 기계가 한 일은 전체의 몇 분의 몇입니까?

4 퀴즈 대회에 56명이 참가했습니다. 첫 번째 문제에서 전체의 $\frac{1}{4}$이 탈락했고, 두 번째 문제에서 남아 있는 사람의 $\frac{3}{7}$이 탈락했습니다. 세 번째 문제를 풀 수 있는 사람은 몇 명입니까?

5 어느 장난감 공장에서 올해의 목표 판매량을 작년의 1.25배로 정했습니다. 작년 판매량이 3600개이고 올해 첫날부터 오늘까지 작년 판매량의 0.9배만큼 팔았다면 장난감을 몇 개 더 팔아야 올해의 목표 판매량을 채울 수 있습니까?

6 어느 놀이공원에 하루 동안 650명의 사람이 왔습니다. 오전에 온 사람 수의 $\frac{1}{4}$과 오후에 온 사람 수의 $\frac{2}{5}$가 같을 때 오전에 온 사람은 몇 명입니까?

7 정사각형의 가로를 처음 길이의 $\frac{1}{4}$만큼 늘리고, 세로를 처음 길이의 $\frac{1}{4}$만큼 줄여서 직사각형을 만들었습니다. 만든 직사각형의 넓이는 처음 정사각형 넓이의 몇 분의 몇입니까?

8 민규는 아버지와 함께 할아버지 댁에 다녀왔습니다. 자동차를 타고 집에서 출발하여 1시간에 85.2 km를 가는 빠르기로 1시간 45분을 달려 휴게소에 도착했고, 휴게소부터는 1분에 1.3 km를 가는 빠르기로 2시간 12분을 달려 할아버지 댁에 도착했습니다. 민규네 집에서 휴게소를 거쳐 할아버지 댁까지 간 거리는 몇 km입니까?

9 오른쪽 그림과 같이 가로가 $\frac{10}{13}$ m, 세로가 $\frac{4}{5}$ m인 직사각형을 그리고 이 직사각형의 각 변의 한가운데 점을 이어 사각형을 계속 그렸습니다. 색칠한 사각형의 넓이는 몇 m^2입니까?

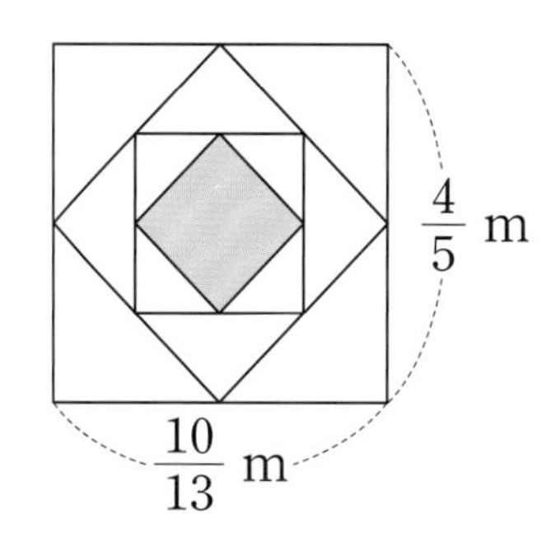

10 통나무를 똑같이 11도막으로 자르려고 합니다. 한 번 자르는 데 1.2분씩 걸리고, 한 번 자른 후에 0.5분씩 쉰다고 합니다. 같은 빠르기로 통나무를 모두 자르는 데 걸리는 시간은 몇 분입니까? (단, 마지막에 자른 후에는 쉬지 않습니다.)

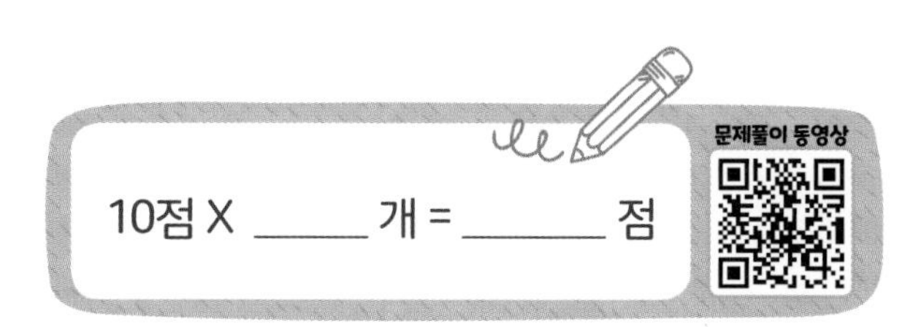

2장 도형·측정

5-1

- 다각형의 둘레와 넓이

5-2

- **수의 범위와 어림하기**
  이상과 초과, 이하와 미만
  올림, 버림, 반올림
- **합동과 대칭**
  도형의 합동
  선대칭도형
  점대칭도형
- **직육면체**
  직육면체와 정육면체 알아보기
  직육면체의 겨냥도
  직육면체와 정육면체의 전개도

6-1

- 각기둥과 각뿔
- 직육면체의 부피와 겉넓이

“ 학습 계획 세우기 ”

	익히기	적용하기	
식을 만들어 해결하기	52~53쪽 월 일	54~55쪽 월 일	56~57쪽 월 일
그림을 그려 해결하기	58~59쪽 월 일	60~61쪽 월 일	62~63쪽 월 일
거꾸로 풀어 해결하기	64~65쪽 월 일	66~67쪽 월 일	68~69쪽 월 일
조건을 따져 해결하기	70~71쪽 월 일	72~73쪽 월 일	74~75쪽 월 일

마무리 1회	마무리 2회
76~79쪽 월 일	80~83쪽 월 일

도형·측정 시작하기

1 18을 포함하는 수의 범위를 말한 사람을 모두 찾아 이름을 쓰시오.

( )

2 올림, 버림, 반올림하여 백의 자리까지 나타내시오.

수	올림	버림	반올림
680			
2743			

3 귤 324개를 상자에 모두 담으려고 합니다. 상자 한 개에 100개씩 담을 수 있을 때 상자는 최소 몇 개 필요합니까?

( )

4 두 삼각형은 서로 합동입니다. 변 ㄱㄴ의 길이와 각 ㄹㅂㅁ의 크기를 각각 구하시오.

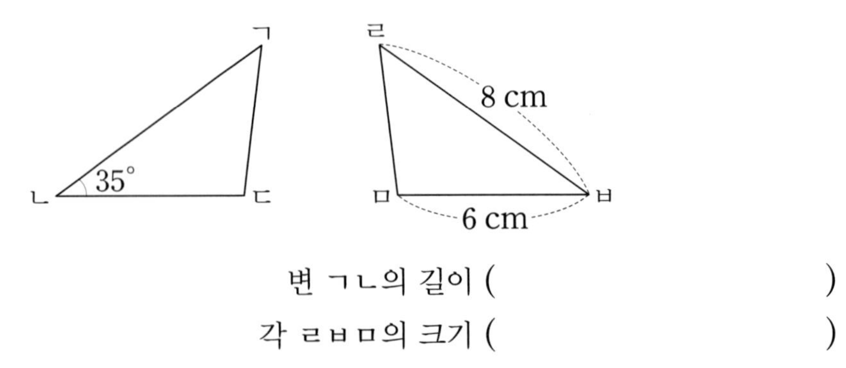

변 ㄱㄴ의 길이 ( )

각 ㄹㅂㅁ의 크기 ( )

5 선대칭도형을 모두 찾아 기호를 쓰시오.

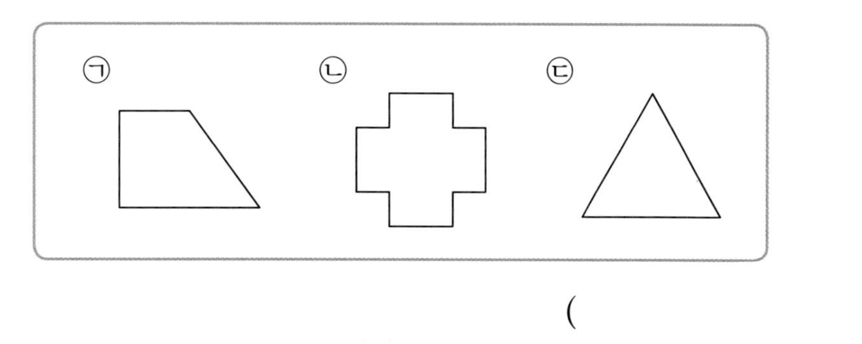

( )

6 점 ㅇ을 대칭의 중심으로 하는 점대칭도형입니다. □ 안에 알맞은 수를 써넣으시오.

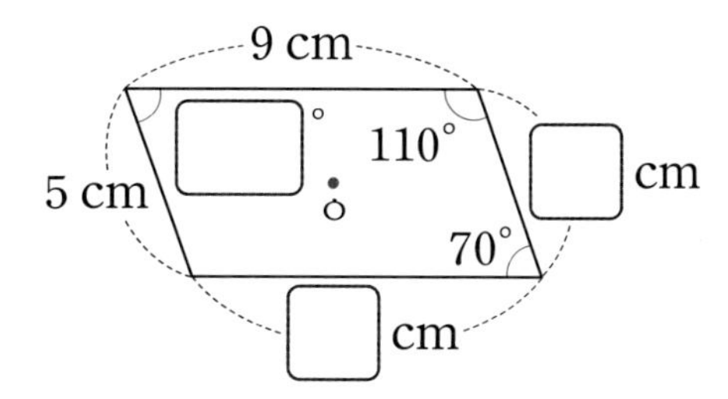

7 직육면체의 모든 모서리의 길이의 합은 몇 cm입니까?

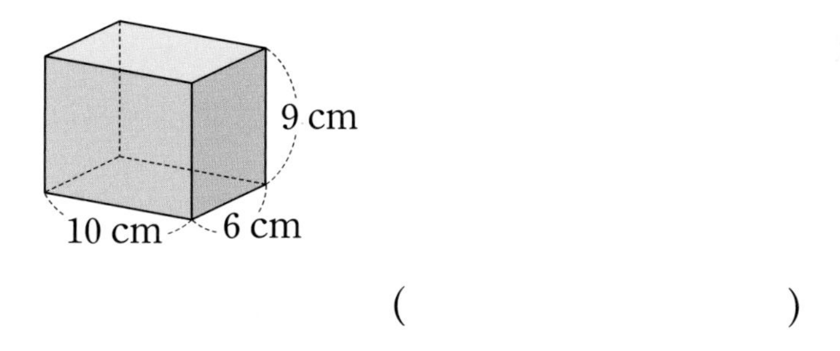

( )

8 직육면체의 전개도를 그린 것입니다. □ 안에 알맞은 수를 써넣으시오.

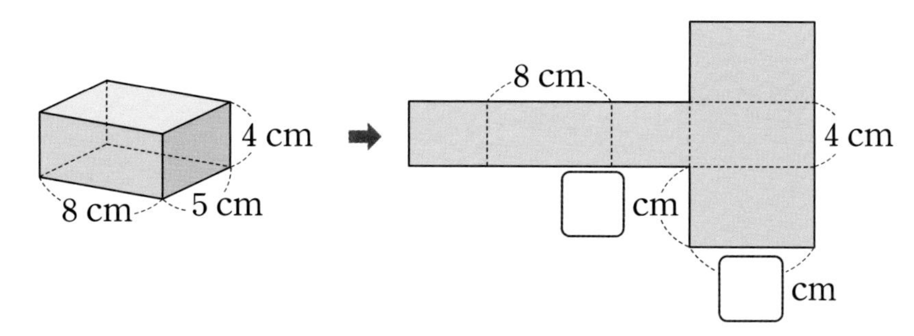

식을 만들어 해결하기

1

다음은 직육면체와 그 전개도를 그린 것입니다. ㉠+㉡의 값을 구하시오.

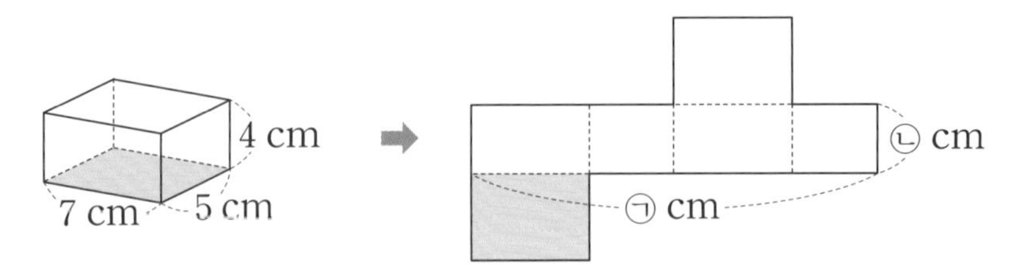

문제 분석

구하려는 것에 밑줄을 긋고 주어진 조건을 정리해 보시오.

직육면체의 겨냥도와 전개도

해결 전략

직육면체의 전개도를 접었을 때 겹치는 모서리의 길이는 같고,
서로 (평행한 , 수직인) 선분의 길이도 같음을 이용합니다.

풀이

❶ ㉠의 값 구하기

㉠의 길이는 색칠한 면의 네 모서리의 길이의 합과 같습니다.

➡ (㉠의 길이)=☐+☐+☐+☐=☐(cm)

❷ ㉡의 값 구하기

색칠한 면을 밑면이라고 하면 ㉡의 길이는 높이와 같습니다.

➡ (㉡의 길이)=☐ cm

❸ ㉠+㉡의 값 구하기

㉠+㉡=☐+☐=☐

답 ☐

바른답 • 알찬풀이 15쪽

2

오른쪽 그림에서 사다리꼴 ㄱㄴㄷㄹ은 선분 ㅇㅈ을 대칭축으로 하는 선대칭도형입니다. 색칠한 부분의 넓이는 몇 cm^2입니까?

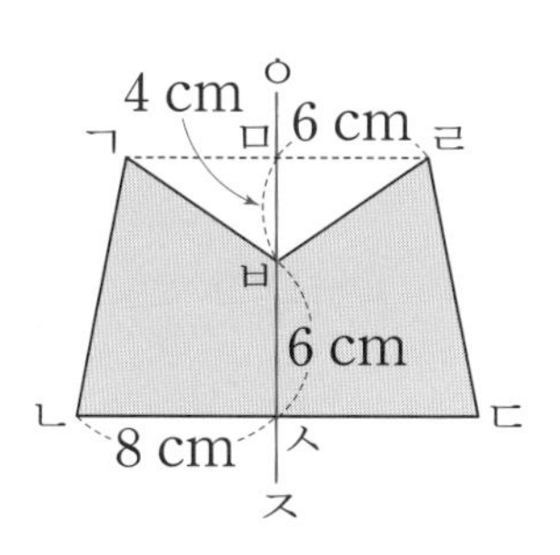

문제 분석 구하려는 것에 밑줄을 긋고 주어진 조건을 정리해 보시오.

• 사다리꼴 ㄱㄴㄷㄹ은 선대칭도형입니다.

• 사다리꼴 ㄱㄴㄷㄹ의 대칭축: 선분 ☐

해결 전략 색칠한 부분의 넓이는 사다리꼴 ㄱㄴㄷㄹ의 넓이에서 삼각형 ㄱㅂㄹ의 넓이를 (더하는 , 빼는) 식을 만들어 구합니다.

풀이

❶ 선분 ㄱㄹ과 선분 ㄴㄷ의 길이는 각각 몇 cm인지 구하기

(선분 ㄱㅁ의 길이)=(선분 ☐의 길이)=☐ cm이므로

(선분 ㄱㄹ의 길이)=☐+☐=☐ (cm)입니다.

(선분 ㄷㅅ의 길이)=(선분 ☐의 길이)=☐ cm이므로

(선분 ㄴㄷ의 길이)=☐+☐=☐ (cm)입니다.

❷ 사다리꼴 ㄱㄴㄷㄹ과 삼각형 ㄱㅂㄹ의 넓이는 각각 몇 cm^2인지 구하기

(사다리꼴 ㄱㄴㄷㄹ의 넓이)=(12+☐)×☐÷2=☐ (cm^2)

(삼각형 ㄱㅂㄹ의 넓이)=☐×4÷2=☐ (cm^2)

❸ 색칠한 부분의 넓이는 몇 cm^2인지 구하기

(사다리꼴 ㄱㄴㄷㄹ의 넓이)−(삼각형 ㄱㅂㄹ의 넓이)

=☐−☐=☐ (cm^2)

답 ☐ cm^2

식을 만들어 해결하기

1 모든 모서리의 길이의 합이 72 cm인 정육면체가 있습니다. 이 정육면체의 한 모서리의 길이는 몇 cm입니까?

❶ **정육면체에는 길이가 같은 모서리가 몇 개 있는지 구하기**

❷ **정육면체의 한 모서리의 길이는 몇 cm인지 구하기**

2 다음은 영희가 만든 종이비행기를 위에서 본 모양을 그린 것입니다. 위에서 본 모양이 선대칭도형일 때 도형의 둘레는 몇 cm입니까?

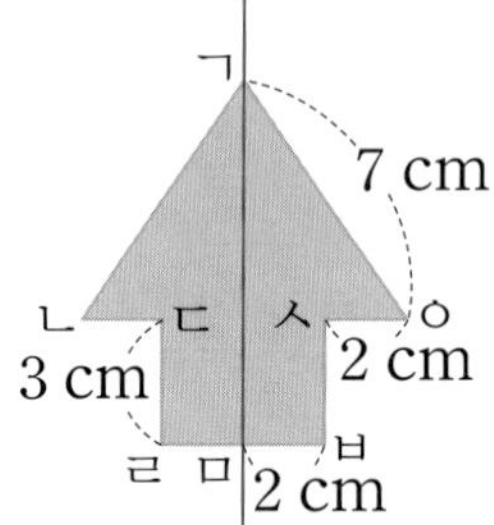

❶ **변 ㄱㄴ, 변 ㄴㄷ, 변 ㄹㅁ, 변 ㅅㅂ의 길이는 각각 몇 cm인지 구하기**

❷ **도형의 둘레는 몇 cm인지 구하기**

바른답 • 알찬풀이 16쪽

3

오른쪽 직육면체의 겨냥도에서 보이지 않는 모서리의 길이의 합은 몇 cm입니까?

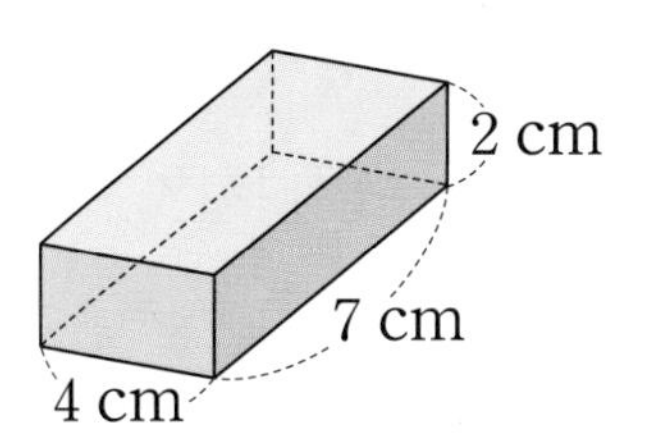

❶ **겨냥도에서 보이지 않는 모서리의 길이는 각각 몇 cm인지 구하기**

❷ **겨냥도에서 보이지 않는 모서리의 길이의 합은 몇 cm인지 구하기**

4

오른쪽 그림에서 두 삼각형은 서로 합동입니다. 각 ㅁㅅㄷ은 몇 도입니까?

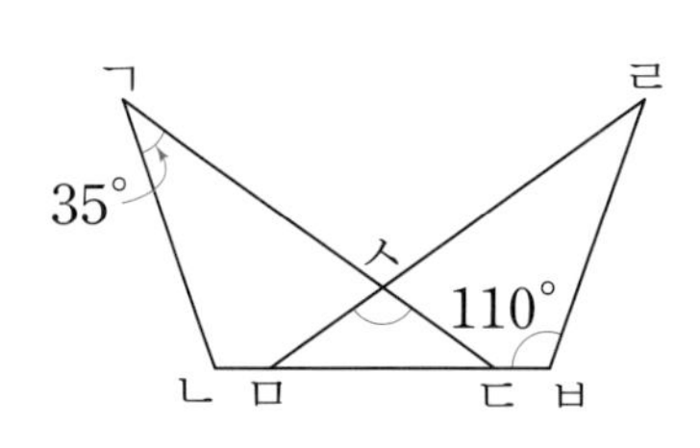

❶ **각 ㄱㄷㄴ과 각 ㄹㅁㅂ은 각각 몇 도인지 구하기**

❷ **각 ㅁㅅㄷ은 몇 도인지 구하기**

식을 만들어 해결하기

5 오른쪽 도형은 점대칭도형입니다. 이 도형의 둘레는 몇 cm입니까?

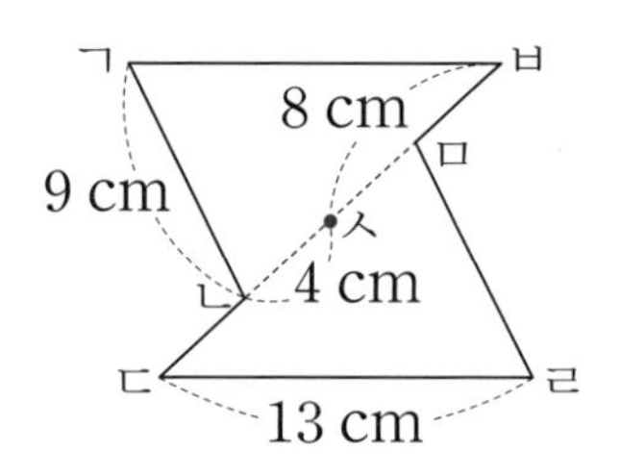

❶ 변 ㄱㅂ과 변 ㅁㄹ의 길이는 각각 몇 cm인지 구하기

❷ 변 ㄷㄴ과 변 ㅂㅁ의 길이는 각각 몇 cm인지 구하기

❸ 도형의 둘레는 몇 cm인지 구하기

6 오른쪽 전개도를 접어서 만든 직육면체의 모든 모서리의 길이의 합은 몇 cm입니까?

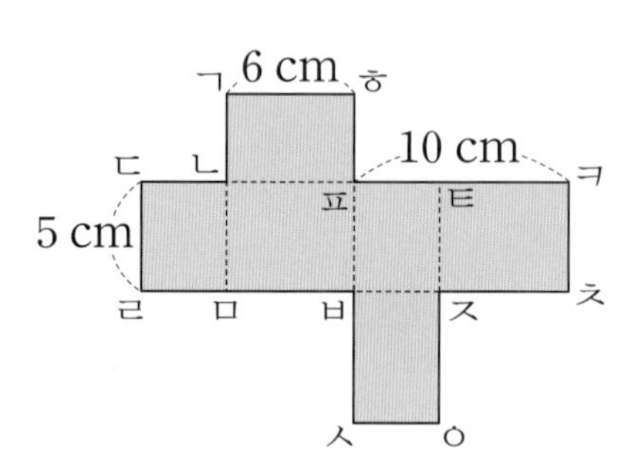

❶ 선분 ㅌㅍ의 길이는 몇 cm인지 구하기

❷ 전개도를 접어서 만든 직육면체의 모든 모서리의 길이의 합은 몇 cm인지 구하기

바른답 • 알찬풀이 16쪽

7 오른쪽 도형은 선분 ㄱㄷ과 선분 ㄴㄹ을 대칭축으로 하는 선대칭도형입니다. 선분 ㄴㅁ의 길이가 6 cm이고 선분 ㄱㄷ의 길이가 8 cm일 때 사각형 ㄱㄴㄷㄹ의 넓이는 몇 cm^2입니까?

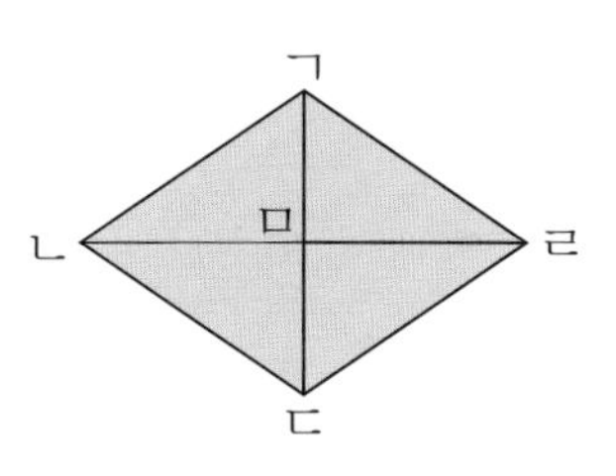

8 오른쪽 도형은 점 ㅇ을 대칭의 중심으로 하는 점대칭도형입니다. 각 ㄱㄴㄷ은 몇 도입니까?

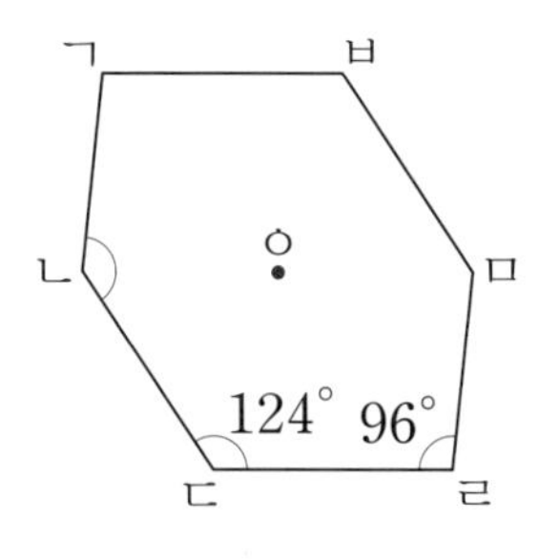

9 오른쪽 그림과 같이 직육면체 모양의 상자를 포장 끈으로 둘러 묶으려고 합니다. 매듭으로 사용한 끈이 20 cm일 때 사용한 끈은 모두 몇 cm입니까?

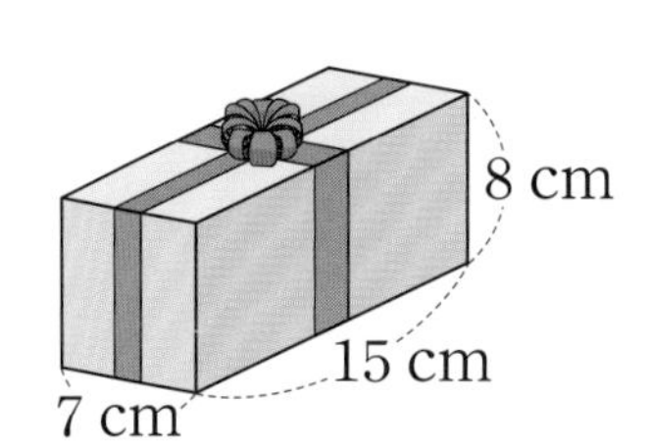

그림을 그려 해결하기

1

다음 직육면체의 겨냥도에서 보이는 면의 넓이의 합은 몇 cm^2입니까?

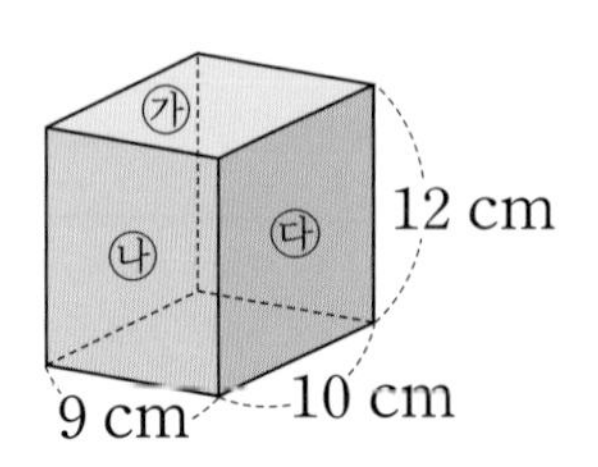

문제 분석 구하려는 것에 밑줄을 긋고 주어진 조건을 정리해 보시오.

- 직육면체의 겨냥도
- 직육면체의 모서리의 길이: 9 cm, 10 cm, ☐ cm

해결 전략 직육면체의 겨냥도에서 보이는 면을 그림으로 나타내어 각각의 넓이를 구한 후 보이는 면의 넓이의 합을 구합니다.

풀이

❶ 직육면체의 겨냥도에서 보이는 세 면을 그렸을 때, ☐ 안에 알맞은 수 써넣기

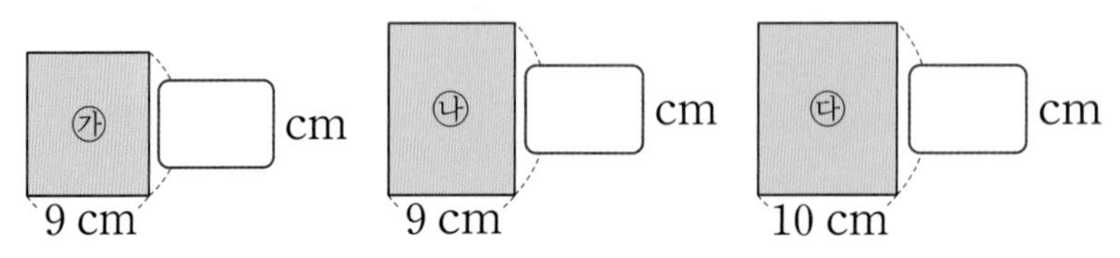

❷ 직육면체의 겨냥도에서 보이는 면의 넓이의 합은 몇 cm^2인지 구하기

(㉮의 넓이)$=9\times10=$ ☐ (cm^2)

(㉯의 넓이)$=9\times12=$ ☐ (cm^2)

(㉰의 넓이)$=10\times12=$ ☐ (cm^2)

➡ (직육면체의 겨냥도에서 보이는 면의 넓이의 합)

$=$(㉮의 넓이)$+$(㉯의 넓이)$+$(㉰의 넓이)

$=$ ☐ $+$ ☐ $+$ ☐ $=$ ☐ (cm^2)

답 ☐ cm^2

바른답 • 알찬풀이 17쪽

2

다음은 점 ㅇ을 대칭의 중심으로 하는 점대칭도형의 일부분입니다. 점대칭도형을 완성하였을 때 완성한 점대칭도형의 둘레는 몇 cm입니까?

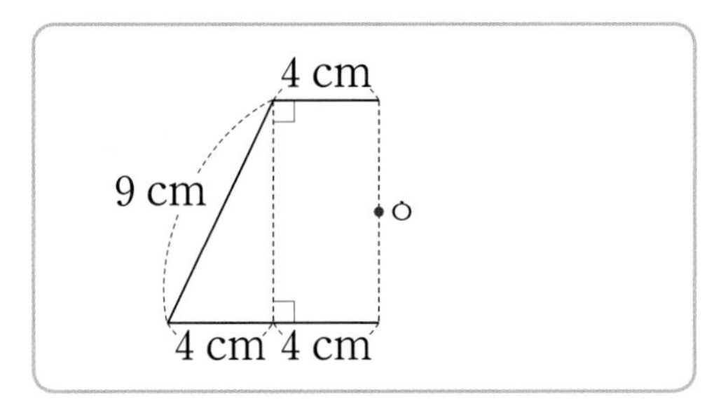

문제 분석 구하려는 것에 밑줄을 긋고 주어진 조건을 정리해 보시오.

대칭의 중심이 점 ㅇ인 점대칭도형의 일부분

해결 전략

- 점대칭도형의 나머지 부분을 완성해 봅니다.
- 점대칭도형에서 각각의 대응변의 길이는 서로 (같습니다 , 다릅니다).

풀이

❶ 점대칭도형 완성하기

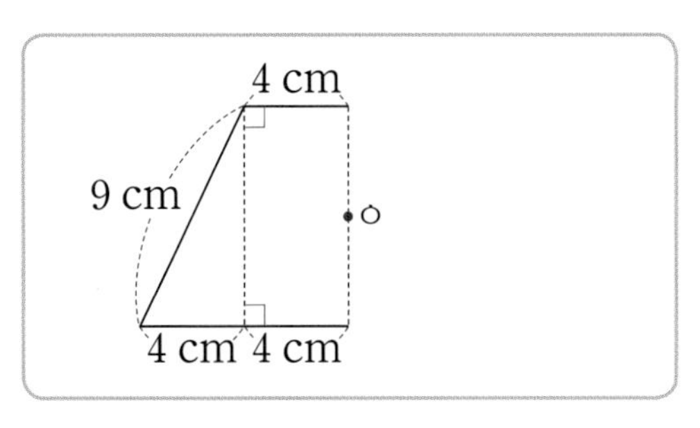

❷ 완성한 점대칭도형의 둘레는 몇 cm인지 구하기

(완성한 점대칭도형의 둘레)=(9+□)×2=□(cm)

답 □ cm

그림을 그려 해결하기

1 한 변의 길이가 6 cm인 정삼각형을 서로 합동인 삼각형 4개로 나누었을 때 나눈 삼각형 한 개의 둘레는 몇 cm입니까?

❶ 한 변의 길이가 6 cm인 정삼각형을 서로 합동인 삼각형 4개로 나누기

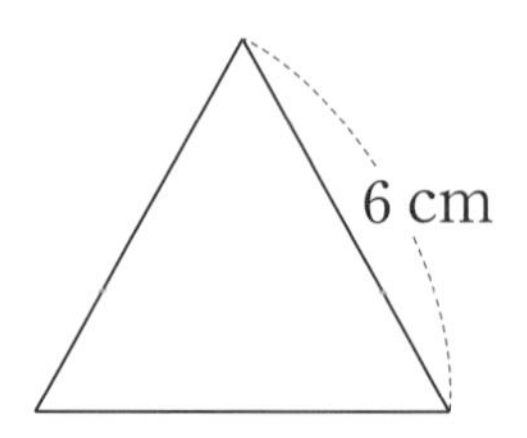

❷ 나눈 삼각형 한 개의 둘레는 몇 cm인지 구하기

2 다음 그림에서 점 ㅇ을 대칭의 중심으로 하는 점대칭도형을 완성하였을 때 완성한 점대칭도형의 넓이는 몇 cm^2입니까?

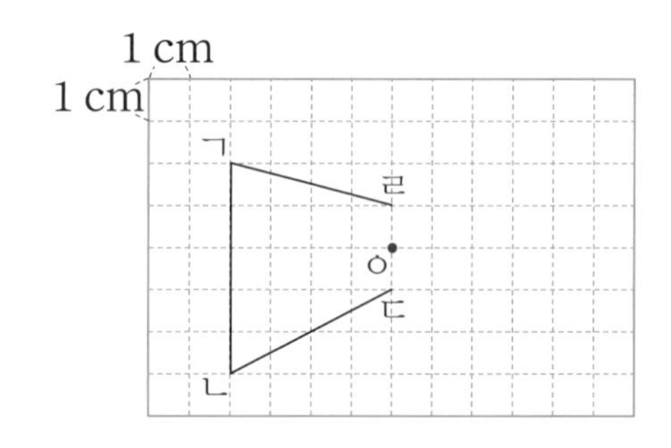

❶ 점대칭도형 완성하기

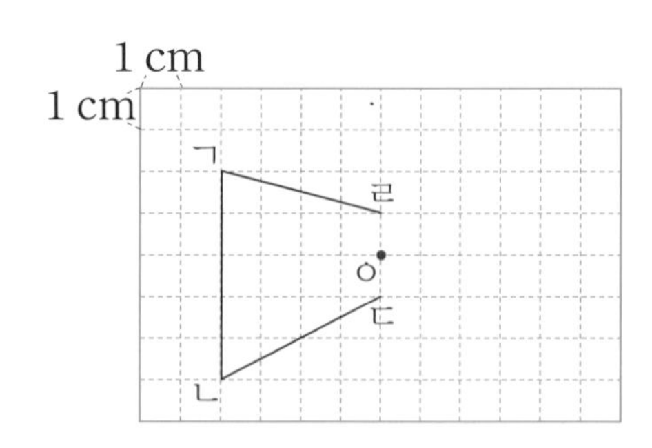

❷ 완성한 점대칭도형의 넓이는 몇 cm^2인지 구하기

바른답 • 알찬풀이 18쪽

3

두 수의 범위에 공통으로 속하는 자연수 중 가장 큰 수와 가장 작은 수의 합을 구하시오.

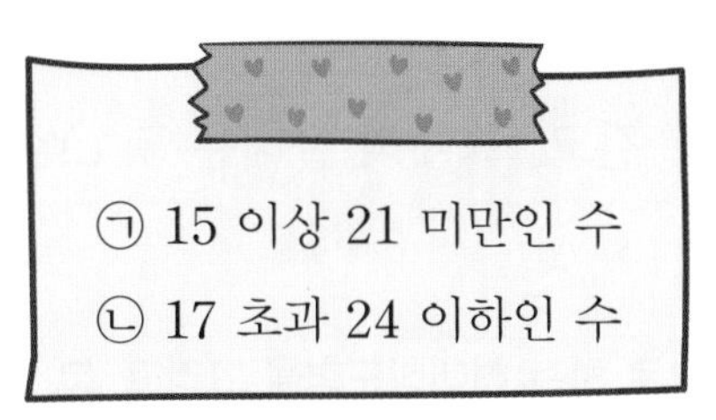

❶ ㉠과 ㉡의 수의 범위를 각각 수직선에 나타내기

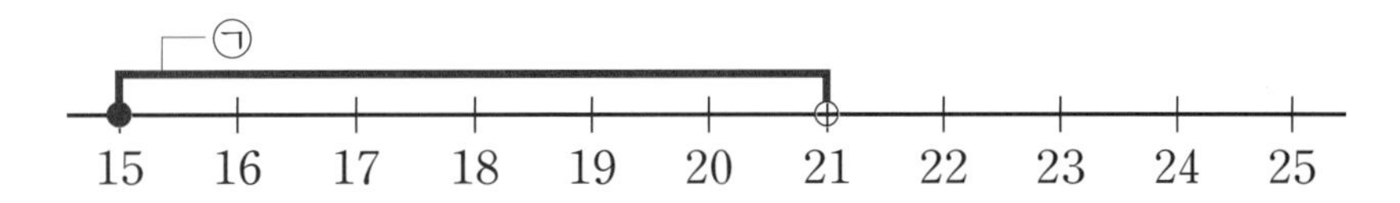

❷ ❶의 수직선에서 공통된 수의 범위를 초과와 미만을 이용하여 나타내기

❸ 두 수의 범위에 공통으로 속하는 자연수 중 가장 큰 수와 가장 작은 수의 합 구하기

4

다음은 어떤 직육면체를 위와 앞에서 본 모양을 그린 것입니다. 이 직육면체의 모든 모서리의 길이의 합은 몇 cm입니까?

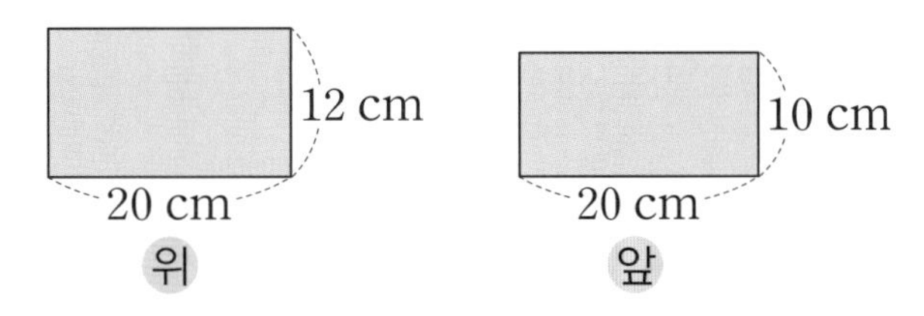

❶ 위와 앞에서 본 모양을 보고 직육면체의 겨냥도 그리기

❷ 직육면체의 모든 모서리의 길이의 합은 몇 cm인지 구하기

그림을 그려 해결하기

5 오른쪽 삼각형 ㄱㄴㄷ의 세 변 중 한 변을 대칭축으로 하는 선대칭도형을 그리려고 합니다. 어느 변을 대칭축으로 하여 그린 선대칭도형의 둘레가 가장 길고, 그때의 둘레는 몇 cm인지 구하시오.

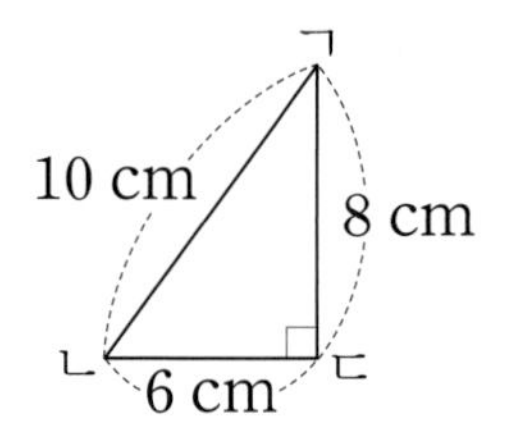

❶ 변 ㄱㄴ을 대칭축으로 하는 선대칭도형을 그리고, 그 둘레는 몇 cm인지 구하기

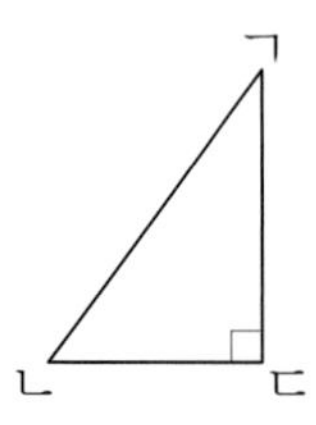

❷ 변 ㄱㄷ을 대칭축으로 하는 선대칭도형을 그리고, 그 둘레는 몇 cm인지 구하기

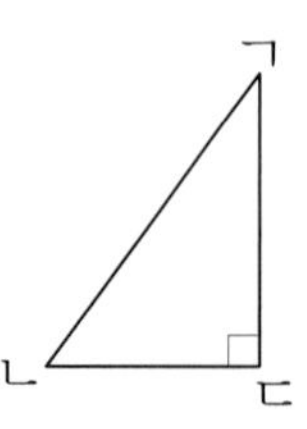

❸ 변 ㄴㄷ을 대칭축으로 하는 선대칭도형을 그리고, 그 둘레는 몇 cm인지 구하기

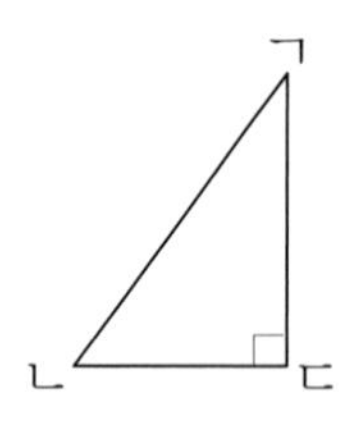

❹ 어느 변을 대칭축으로 하여 그린 선대칭도형의 둘레가 가장 길고, 그때의 둘레는 몇 cm인지 구하기

바른답·알찬풀이 18쪽

6 세 수의 범위에 공통으로 속하는 자연수는 모두 몇 개입니까?

- 32 초과인 수
- 53 이하인 수
- 40 이상 68 미만인 수

7 오른쪽 그림은 한 모서리의 길이가 4 cm인 정육면체입니다. 이 정육면체의 전개도를 그릴 때 전개도의 둘레는 몇 cm입니까?

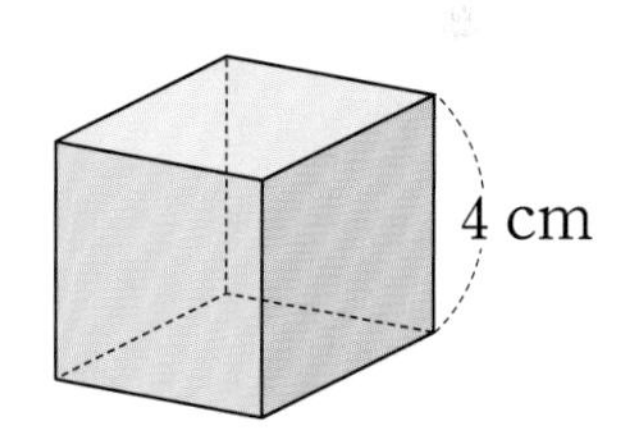

8 수현이는 삼각형 ㄱㄴㄷ과 같은 모양의 종이 여러 장을 사용하여 모빌을 만들려고 합니다. 변 ㄱㄷ을 대칭축으로 하는 선대칭도형을 이용하여 수현이가 가지고 있는 삼각형 모양의 종이 한 장의 넓이는 몇 cm^2인지 구하시오.

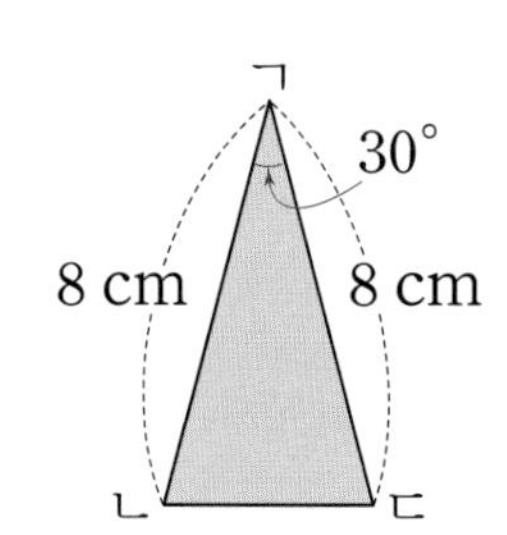

거꾸로 풀어 해결하기

1

점 ㅇ을 대칭의 중심으로 하는 오른쪽 점대칭도형을 완성하였더니 완성한 점대칭도형의 넓이는 144 cm^2였습니다. 모눈 한 칸의 한 변의 길이는 몇 cm입니까?

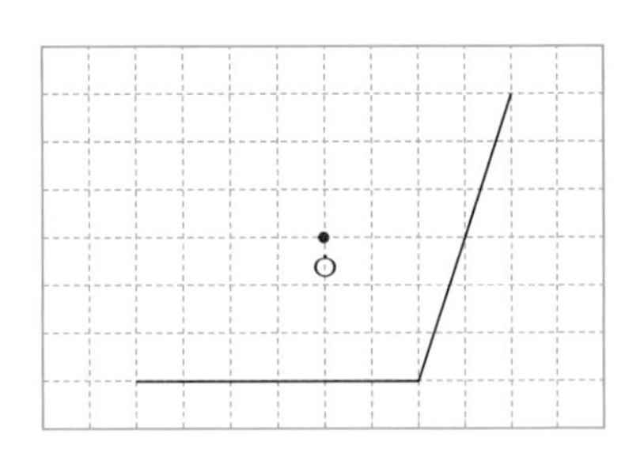

문제 분석 구하려는 것에 밑줄을 긋고 주어진 조건을 정리해 보시오.

- 점 ㅇ을 대칭의 중심으로 하는 점대칭도형
- 완성한 점대칭도형의 넓이: □ cm^2

해결 전략 점대칭도형을 완성한 후 완성한 점대칭도형의 넓이를 이용하여 모눈 한 칸의 한 변의 길이를 구합니다.

풀이

❶ 점대칭도형 완성하기

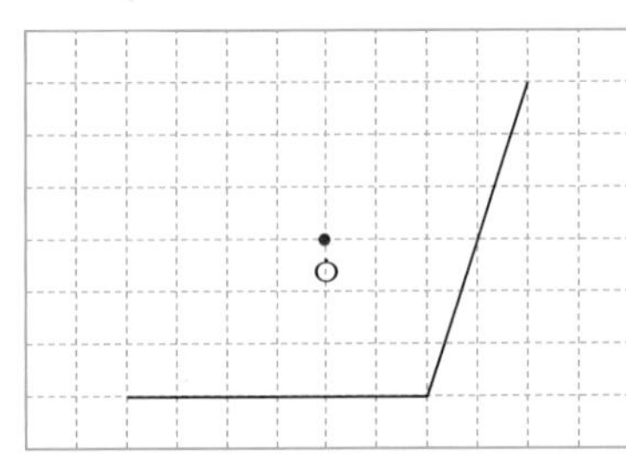

→ 도형의 이름을 쓰시오.

완성한 점대칭도형은 □이고, 이 도형의 밑변은 모눈 6칸, 높이는 모눈 □칸입니다.

❷ 완성한 점대칭도형의 넓이가 144 cm^2일 때 모눈 한 칸의 넓이는 몇 cm^2인지 구하기

모눈 한 칸의 넓이를 ■ cm^2라고 하면

(완성한 점대칭도형의 넓이)=6×□×■=□(cm^2)이므로

→ (전체 모눈 칸 수)

□×■=□, ■=□÷□=□입니다.

❸ 모눈 한 칸의 한 변의 길이는 몇 cm인지 구하기

4=□×□이므로 모눈 한 칸의 한 변의 길이는 □cm입니다.

답 □ cm

바른답 • 알찬풀이 19쪽

2

오른쪽 직육면체에서 모든 모서리의 길이의 합이 80 cm일 때 모서리 ㄱㄴ의 길이는 몇 cm입니까?

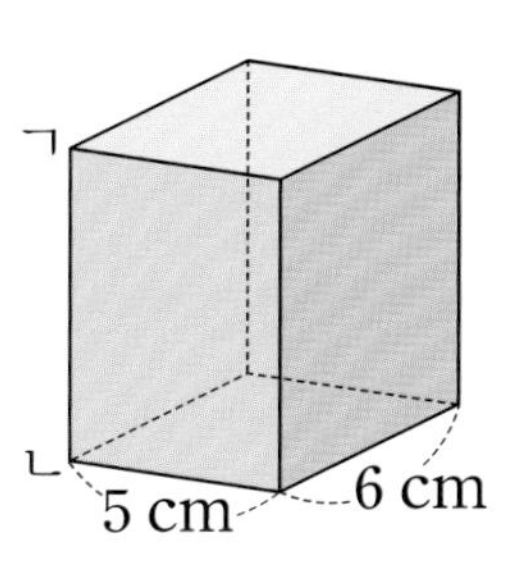

문제 분석 구하려는 것에 밑줄을 긋고 주어진 조건을 정리해 보시오.

- 직육면체의 모든 모서리의 길이의 합: ☐ cm
- 직육면체에서 주어진 모서리의 길이: 5 cm, ☐ cm

해결 전략 직육면체에서 길이가 같은 모서리가 몇 개씩 있는지 알아봅니다.

풀이

❶ **직육면체에서 길이가 같은 모서리가 몇 개씩 있는지 알아보기**

모서리 ㄱㄴ의 길이를 ▲ cm라고 하면 직육면체에서 길이가 ▲ cm인 모서리는 ☐개, 길이가 5 cm인 모서리는 ☐개, 길이가 6 cm인 모서리는 ☐개입니다.

❷ **모서리 ㄱㄴ의 길이는 몇 cm인지 구하기**

(모든 모서리의 길이의 합)=(▲+5+☐)×☐=80 (cm)이므로

(▲+☐)×☐=80, ▲+☐=80÷☐=☐,

▲=☐−☐=☐입니다.

따라서 모서리 ㄱㄴ의 길이는 ☐ cm입니다.

답 ☐ cm

거꾸로 풀어 해결하기

1 두 사각형은 서로 합동입니다. 사각형 ㄱㄴㄷㄹ의 둘레가 18 cm일 때 변 ㅇㅅ의 길이는 몇 cm입니까?

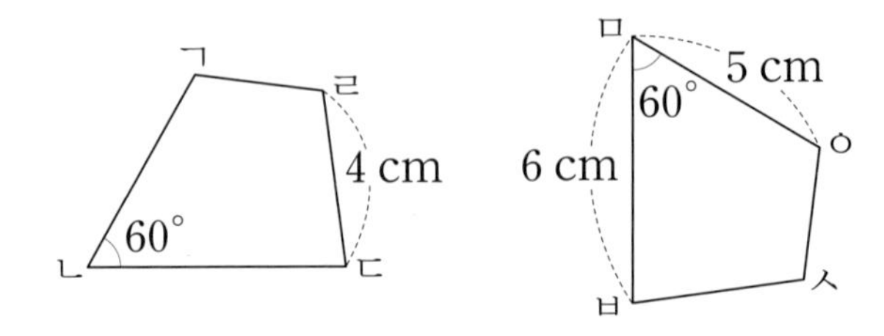

❶ 변 ㅂㅅ의 길이는 몇 cm인지 구하기

❷ 변 ㅇㅅ의 길이는 몇 cm인지 구하기

2 오른쪽 직육면체에서 색칠한 면과 수직으로 만나는 면들의 넓이의 합이 392 cm^2일 때 모서리 ㄱㄴ의 길이는 몇 cm입니까?

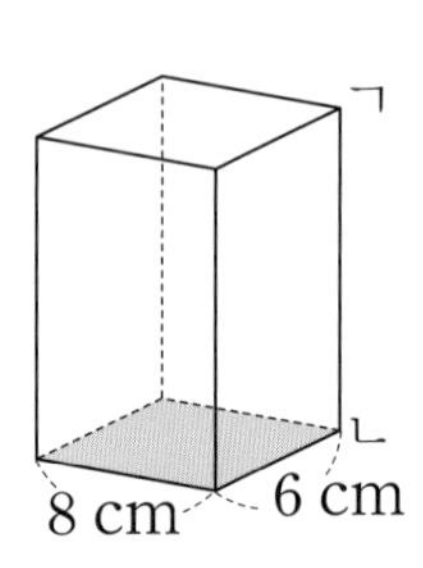

❶ 색칠한 면의 네 변의 길이의 합은 몇 cm인지 구하기

❷ 모서리 ㄱㄴ의 길이는 몇 cm인지 구하기

바른답 • 알찬풀이 19쪽

3

어떤 수에 15를 더한 후 올림하여 십의 자리까지 나타내었더니 120이 되었습니다. 어떤 수의 범위를 초과와 이하를 이용하여 나타내시오.

1 올림하여 120이 되는 수의 범위를 초과와 이하를 이용하여 나타내기

2 어떤 수의 범위를 초과와 이하를 이용하여 나타내기

4

오른쪽 직육면체의 겨냥도에서 보이는 모서리의 길이의 합은 75 cm입니다. 이 직육면체의 모든 모서리의 길이의 합은 몇 cm입니까?

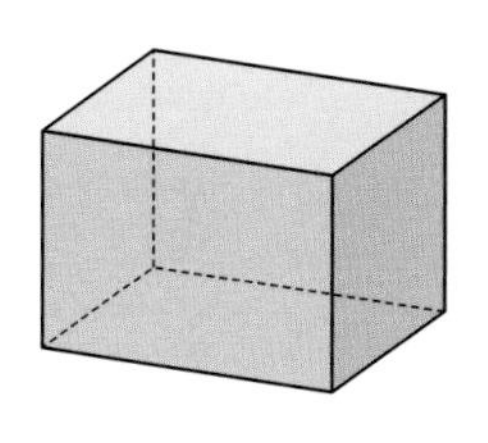

1 한 꼭짓점에서 만나는 세 모서리의 길이의 합은 몇 cm인지 구하기

2 직육면체의 모든 모서리의 길이의 합은 몇 cm인지 구하기

거꾸로 풀어 해결하기

5 직선 ㄹㄷ을 대칭축으로 하는 오른쪽 선대칭도형을 완성하였더니 완성한 선대칭도형의 넓이는 216 cm^2였습니다. 모눈 한 칸의 한 변의 길이는 몇 cm입니까?

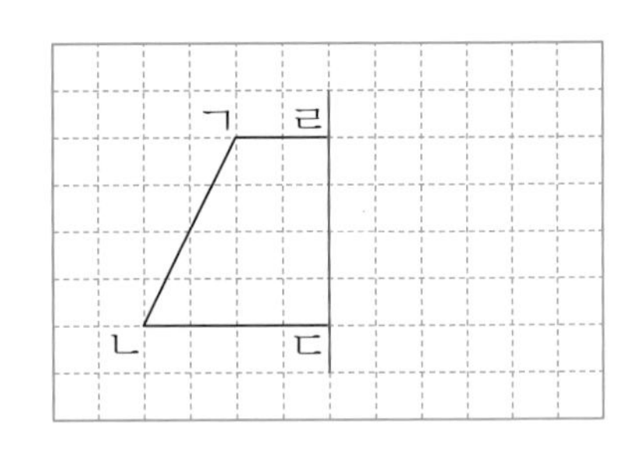

❶ 선대칭도형 완성하기

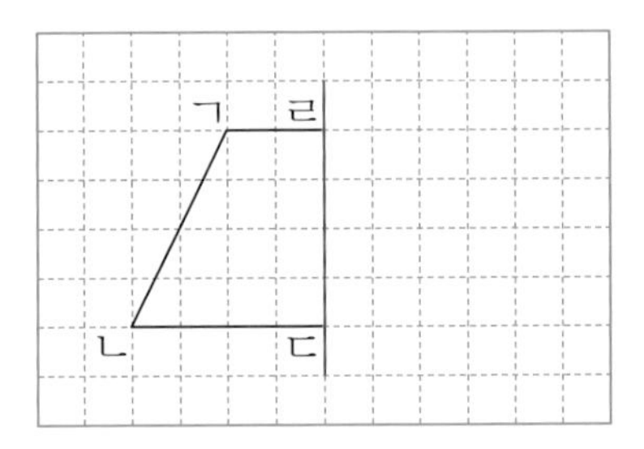

❷ 완성한 선대칭도형의 넓이가 216 cm^2일 때 모눈 한 칸의 넓이는 몇 cm^2인지 구하기

❸ 모눈 한 칸의 한 변의 길이는 몇 cm인지 구하기

6 직육면체의 전개도의 둘레는 54 cm입니다. □ 안에 알맞은 수를 써넣으시오.

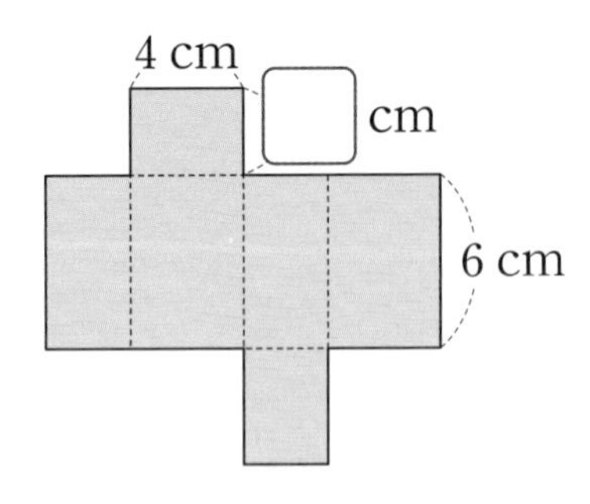

❶ 4 cm와 6 cm인 실선의 길이의 합은 각각 몇 cm인지 구하기

❷ □ 안에 알맞은 수 구하기

바른답 • 알찬풀이 20쪽

7

정오각형의 모든 변의 길이의 합을 반올림하여 십의 자리까지 나타내었더니 150 cm가 되었습니다. 이 정오각형의 한 변의 길이의 범위를 이상과 미만을 이용하여 나타내시오.

8

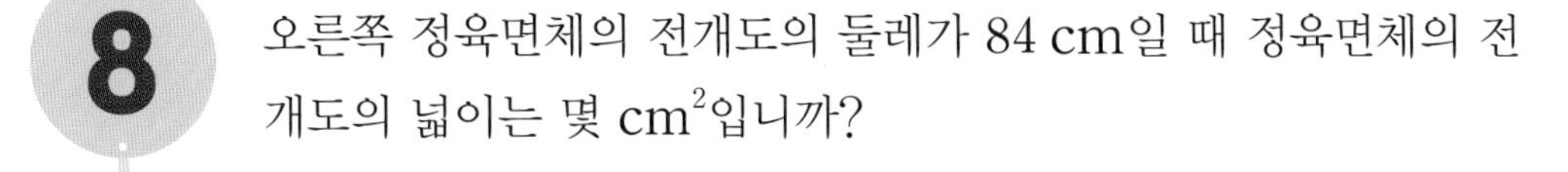

오른쪽 정육면체의 전개도의 둘레가 84 cm일 때 정육면체의 전개도의 넓이는 몇 cm^2입니까?

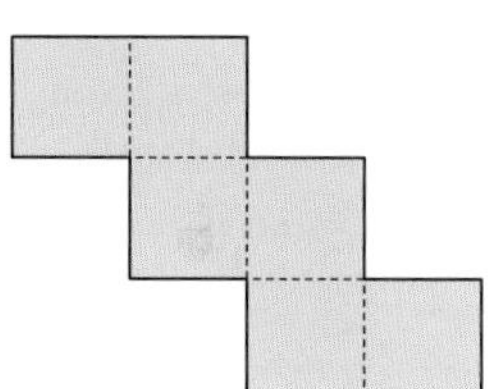

9

직사각형 ㄱㄴㄷㄹ을 점 ㅇ을 대칭의 중심으로 180° 돌려서 점대칭도형을 완성하면 둘레가 48 cm가 됩니다. 선분 ㅇㄷ의 길이는 몇 cm입니까?

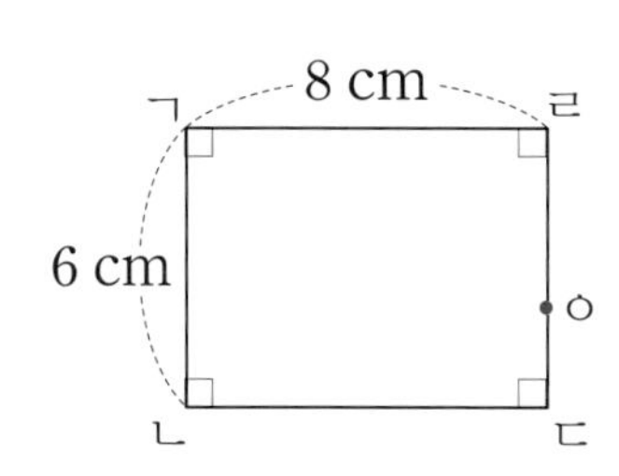

조건을 따져 해결하기

1 미술 시간에 꽃바구니를 만드는 데 색종이가 83장 필요합니다. 색종이는 10장씩 묶음으로 판매하고, 한 묶음에 580원이라고 합니다. 색종이를 사는 데 최소 얼마가 필요합니까?

문제 분석 구하려는 것에 밑줄을 긋고 주어진 조건을 정리해 보시오.

- 꽃바구니를 만드는 데 필요한 색종이 수: ☐장
- 한 묶음의 색종이 수: ☐장
- 색종이 한 묶음의 가격: ☐원

해결 전략 꽃바구니를 만드는 데 사야 할 색종이는 몇 묶음인지 알아본 후 색종이를 사는 데 최소 얼마가 필요한지 구합니다.

풀이

❶ **사야 할 색종이는 몇 묶음인지 구하기**

색종이를 10장씩 묶음으로 판매하므로 필요한 색종이 83장을 (올림 , 버림 , 반올림)하여 ☐장으로 생각해야 합니다.

따라서 색종이는 최소 ☐묶음 사야 합니다.

❷ **색종이를 사는 데 최소 얼마가 필요한지 구하기**

(색종이 한 묶음의 가격)$\times$(묶음 수)

$=580\times$☐$=$☐(원)

답 ☐원

바른답 • 알찬풀이 21쪽

2

사각형 ㄱㄴㄷㄹ은 평행사변형입니다. 각 ㄱㅁㄹ은 몇 도입니까?

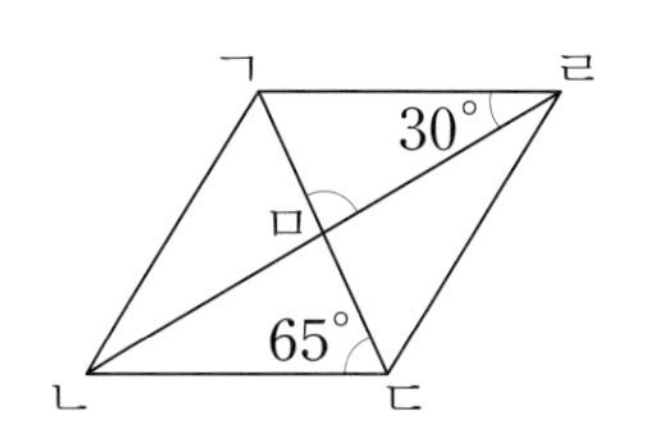

문제 분석

구하려는 것에 밑줄을 긋고 주어진 조건을 정리해 보시오.

- 사각형 ㄱㄴㄷㄹ은 평행사변형입니다.
- 각 ㄱㄹㅁ의 크기: □°
- 각 ㄴㄷㅁ의 크기: □°

해결 전략

합동인 두 삼각형은 대응변의 길이가 서로 같음을 이용하여 삼각형 ㄱㅁㄹ과 합동인 삼각형을 찾아봅니다.

풀이

① 삼각형 ㄱㅁㄹ과 합동인 삼각형 찾기

평행사변형 ㄱㄴㄷㄹ에서 (선분 ㄱㅁ의 길이)=(선분 □의 길이),

(선분 ㄹㅁ의 길이)=(선분 □의 길이),

(선분 ㄱㄹ의 길이)=(선분 □의 길이)이므로

삼각형 ㄱㅁㄹ과 삼각형 □은 합동입니다.

② 각 ㄱㅁㄹ은 몇 도인지 구하기

(각 ㄹㄱㅁ의 크기)=(각 □의 크기)=□°이므로

삼각형 ㄱㅁㄹ에서

(각 ㄱㅁㄹ의 크기)=180°−(□°+□°)=□°입니다.

답 □°

조건을 따져 해결하기

1 주사위에서 서로 평행한 면의 눈의 수의 합이 7일 때 오른쪽 주사위의 전개도에서 면 가와 면 나의 눈의 수의 합을 구하시오.

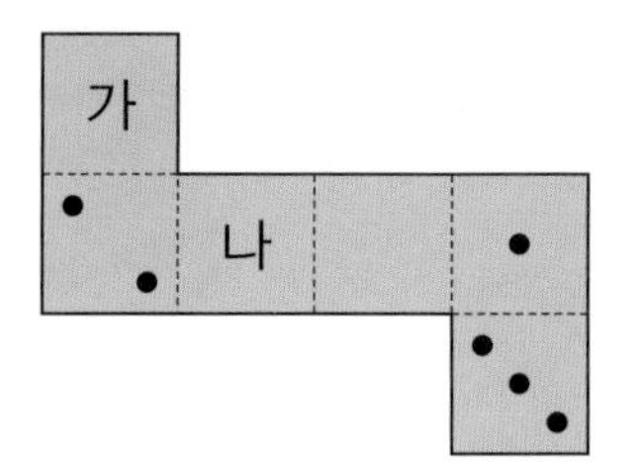

❶ 면 가의 눈의 수 구하기

❷ 면 나의 눈의 수 구하기

❸ 면 가와 면 나의 눈의 수의 합 구하기

2 다음 중 선대칭도형이면서 점대칭도형인 것을 모두 찾아 기호를 쓰시오.

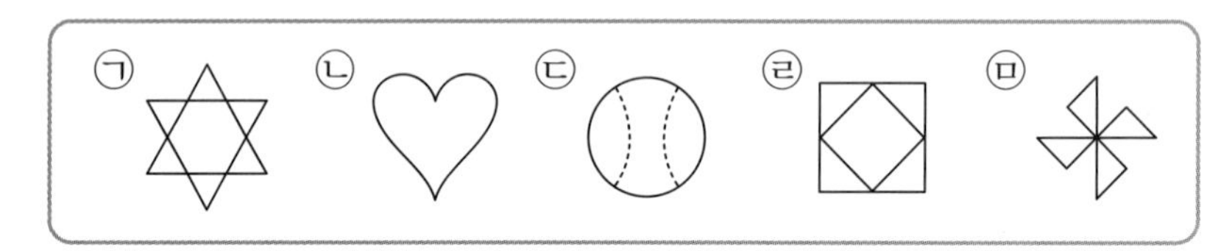

❶ 선대칭도형 모두 찾기

❷ 점대칭도형 모두 찾기

❸ 선대칭도형이면서 점대칭도형인 것을 모두 찾아 기호 쓰기

바른답 • 알찬풀이 21쪽

3

미희네 가족 5명이 극장에 갔습니다. 할머니는 65세, 아버지는 42세, 어머니는 37세, 미희는 11세, 동생은 5세입니다. 극장 입장료가 다음과 같을 때 미희네 가족이 내야 하는 입장료는 모두 얼마입니까?

입장료

1인 입장료: 7000원

65세 이상, 6세 이하: 4000원

❶ 가족 5명이 각각 내야 하는 입장료는 얼마인지 알아보기

할머니: 65세 ➡ ☐원, 아버지: 42세 ➡ ☐원,

어머니: 37세 ➡ ☐원, 미희: 11세 ➡ ☐원, 동생: 5세 ➡ ☐원

❷ 미희네 가족이 내야 하는 입장료는 모두 얼마인지 구하기

4

삼각형 ㄱㄹㅁ과 삼각형 ㄷㅂㅁ은 서로 합동입니다. 삼각형 ㄷㅂㅁ의 둘레는 32 cm이고 선분 ㄱㄴ의 길이는 선분 ㄴㄹ의 길이의 2배입니다. 선분 ㄴㄹ의 길이는 몇 cm입니까?

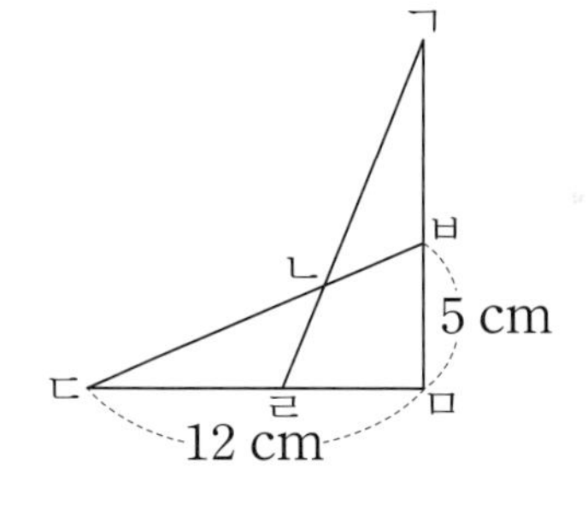

❶ 선분 ㄱㄹ의 길이는 몇 cm인지 구하기

❷ 선분 ㄴㄹ의 길이는 몇 cm인지 구하기

조건을 따져 해결하기

5 미란이네 농장에서 고구마를 439 kg 캤습니다. 이 고구마를 10 kg씩 상자에 담아서 팔려고 합니다. 한 상자에 15000원씩 받고 상자에 담은 고구마를 모두 판다면 받을 수 있는 돈은 최대 얼마입니까?

1 고구마를 담은 상자는 최대 몇 상자인지 구하기

2 상자에 담은 고구마를 모두 판다면 받을 수 있는 돈은 최대 얼마인지 구하기

6 오른쪽 그림과 같이 직사각형 모양의 종이를 접었습니다. 직사각형 ㄱㄴㄷㄹ의 둘레는 몇 cm입니까?

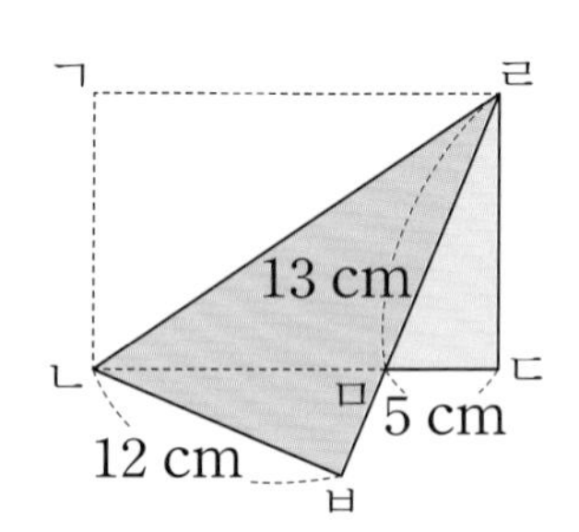

1 변 ㄱㄴ의 길이는 몇 cm인지 구하기

2 변 ㄴㄷ의 길이는 몇 cm인지 구하기

3 직사각형 ㄱㄴㄷㄹ의 둘레는 몇 cm인지 구하기

바른답 • 알찬풀이 22쪽

7

성욱이는 100원짜리 동전 125개, 50원짜리 동전 31개, 10원짜리 동전 46개를 모았습니다. 성욱이가 모은 돈을 1000원짜리 지폐로 최대 몇 장까지 바꿀 수 있습니까?

8

다음 숫자를 사용하여 만든 838은 선대칭도형이 되는 수입니다. 이와 같이 현우는 다음 숫자를 사용하여 838보다 큰 선대칭도형이 되는 세 자리 수를 만들려고 합니다. 같은 숫자를 여러 번 사용할 수 있다고 할 때 만들 수 있는 수는 모두 몇 개입니까?

9

가는 정육면체의 전개도이고 나는 가 전개도를 접어서 만든 정육면체 9개를 붙여 놓은 것입니다. 나의 뒷면에 있는 9개의 수의 합을 구하시오.

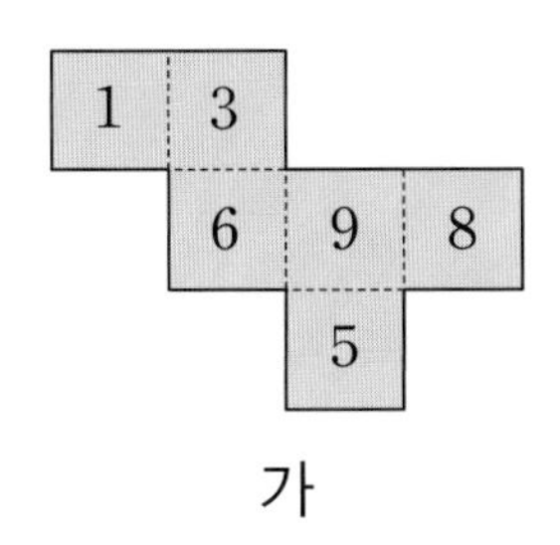

가

9	8	3
1	5	6
8	6	9

나

도형·측정 마무리하기 1회

조건을 따져 해결하기

1 혜림이는 택배를 보내려고 합니다. 혜림이가 보낼 물건의 무게는 4.7 kg이고, 빈 상자의 무게는 0.4 kg이었습니다. 혜림이가 물건을 상자에 넣어 택배를 보낼 때 내야 할 요금은 얼마입니까?

택배 요금표

중량	요금(원)
2 kg 이하	4000
2 kg 초과 5 kg 이하	5000
5 kg 초과 10 kg 이하	6500
10 kg 초과 20 kg 이하	8000

그림을 그려 해결하기

2 오른쪽 직육면체에서 색칠한 면과 평행한 면의 넓이는 몇 cm^2입니까?

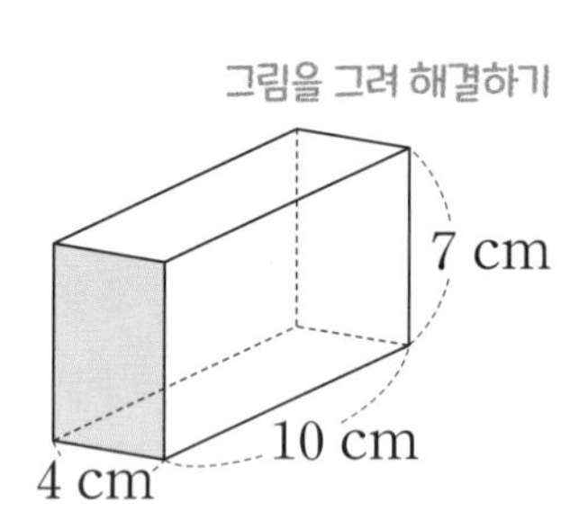

바른답 • 알찬풀이 23쪽

조건을 따져 해결하기

3 자연수 부분이 3 이상 5 미만이고, 소수 첫째 자리 숫자가 5 초과 8 이하인 소수 한 자리 수를 만들려고 합니다. 만들 수 있는 소수 한 자리 수는 모두 몇 개입니까?

거꾸로 풀어 해결하기

4 오른쪽 정육면체의 겨냥도에서 보이지 않는 모서리의 길이의 합은 12 cm입니다. 이 정육면체의 모든 모서리의 길이의 합은 몇 cm입니까?

식을 만들어 해결하기

5 오른쪽 도형에서 삼각형 ㄱㄴㄷ과 삼각형 ㄷㅁㄹ은 서로 합동입니다. 각 ㄱㄷㄹ의 크기를 구하시오.

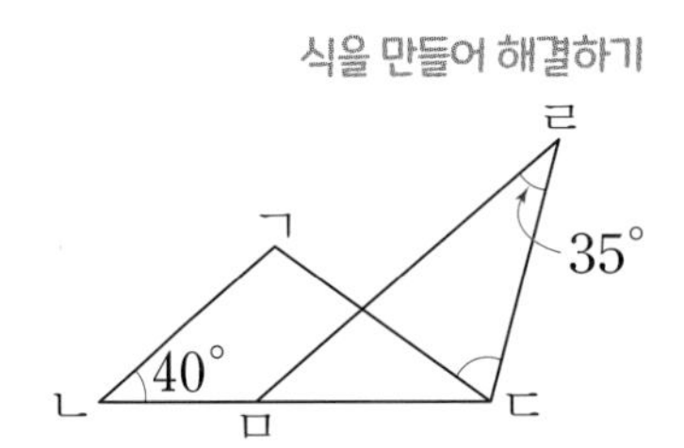

그림을 그려 해결하기

6 다음 정육면체의 전개도를 접었을 때, 선분 ㄴㄷ과 겹치는 선분을 찾아 쓰시오.

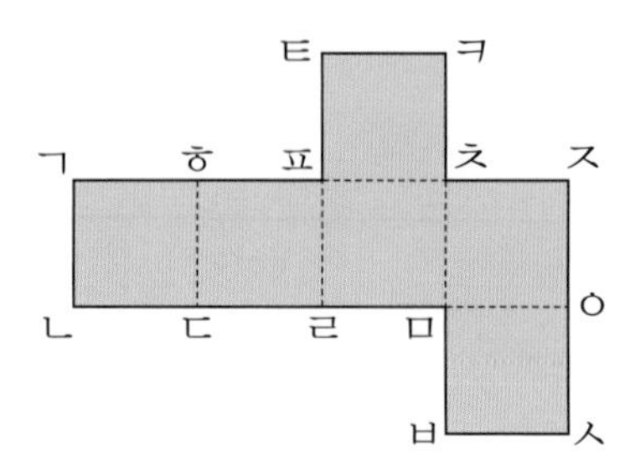

조건을 따져 해결하기

7 반올림하여 십의 자리까지 나타내어도 650이 되고 올림하여 십의 자리까지 나타내어도 650이 되는 자연수 중 가장 큰 수와 가장 작은 수를 구하시오.

거꾸로 풀어 해결하기

8 다음 도형은 선대칭도형이면서 점대칭도형입니다. 도형의 둘레가 48 cm일 때 선분 ㅈㅊ의 길이는 몇 cm입니까?

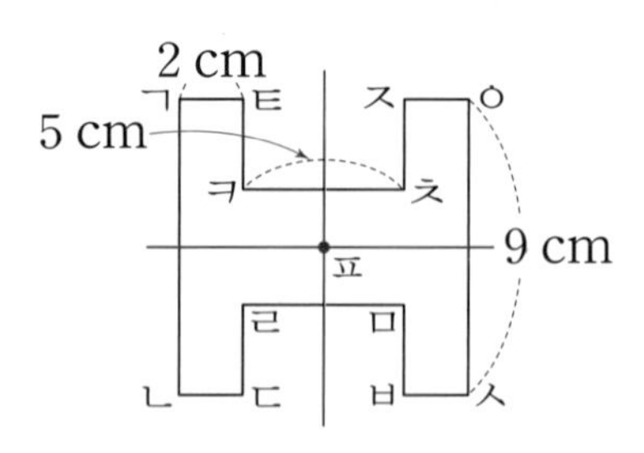

바른답 • 알찬풀이 23쪽

그림을 그려 해결하기

9 한 변의 길이가 1 cm인 서로 합동인 정삼각형 모양 조각 4개를 변끼리 맞닿게 붙여 보기와 같은 모양을 만들었습니다. 이와 같이 서로 합동인 정삼각형 모양 조각 4개를 이용하여 모양 2가지를 더 만들고 만든 모양의 둘레는 각각 몇 cm인지 구하시오. (단, 뒤집거나 돌려서 같은 모양이 나오면 한 가지로 생각합니다.)

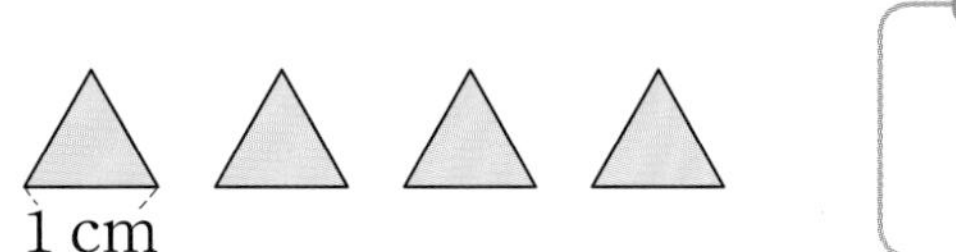

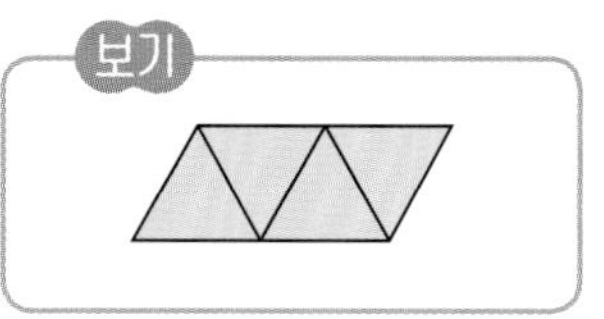

거꾸로 풀어 해결하기

10 직사각형 모양의 종이를 오른쪽 그림과 같이 접었습니다. 삼각형 ㄱㅁㄷ의 넓이가 10 cm^2일 때 처음 종이의 넓이는 몇 cm^2입니까?

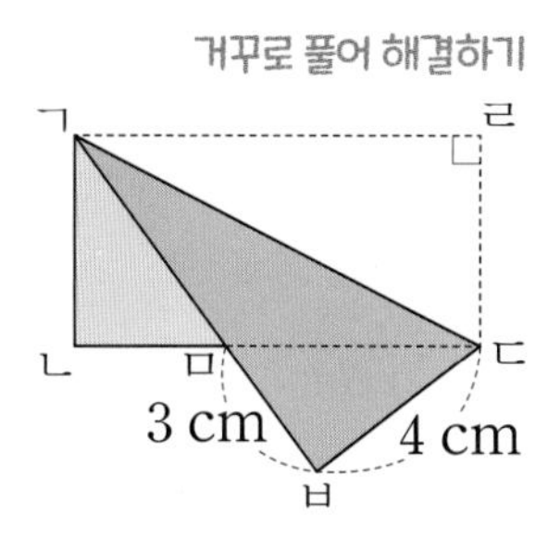

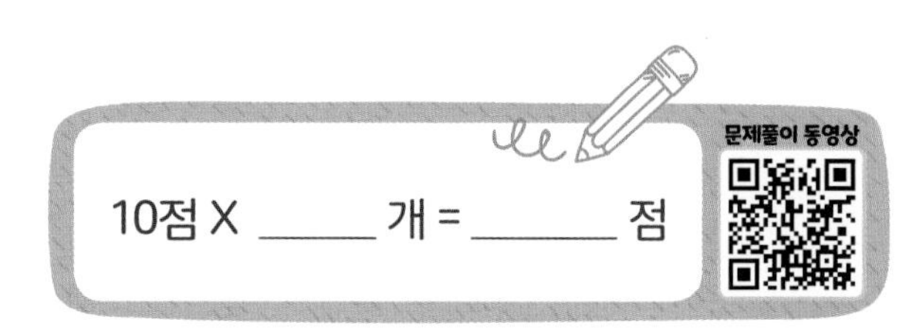

도형·측정 마무리하기 2회

1 다음 도형에서 선대칭도형이면서 점대칭도형인 알파벳을 모두 찾아 쓰시오.

A B C D E H L M N O P S T U W X Y Z

2 값이 큰 것부터 차례로 기호를 쓰시오.

㉠ 직육면체에서 (꼭짓점의 수)+(모서리의 수)−(면의 수)
㉡ 직육면체의 겨냥도에서 (보이지 않는 면의 수)+(보이지 않는 모서리의 수)
㉢ 직육면체의 겨냥도에서 (보이는 면의 수)+(보이는 모서리의 수)

바른답 • 알찬풀이 24쪽

3 현수네 가족은 동물원에 놀러 왔다가 집에 가려고 합니다. 현수네 가족이 주차장을 105분 동안 이용했다면 내야 하는 주차 요금은 얼마입니까?

주차 요금

기본요금(1시간까지): 3000원

* 1시간 초과시 10분마다 500원 추가 요금 발생

4 오른쪽 그림은 정삼각형 ㄱㄴㄷ의 변 ㄴㄷ을 4등분한 점을 꼭짓점 ㄱ과 각각 연결한 것입니다. 찾을 수 있는 서로 합동인 삼각형은 모두 몇 쌍입니까?

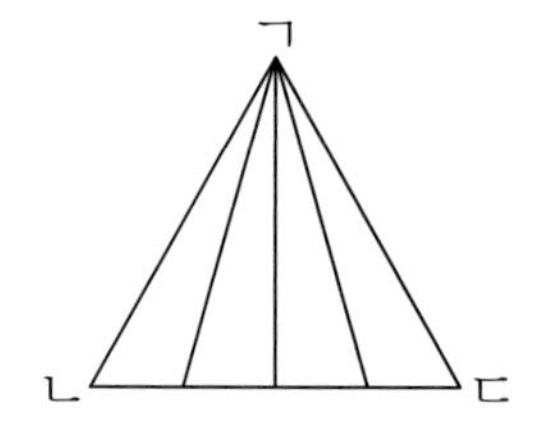

5 오른쪽 직육면체 모양의 나무토막을 잘라서 만들 수 있는 가장 큰 정육면체의 모든 모서리의 길이의 합은 몇 cm입니까?

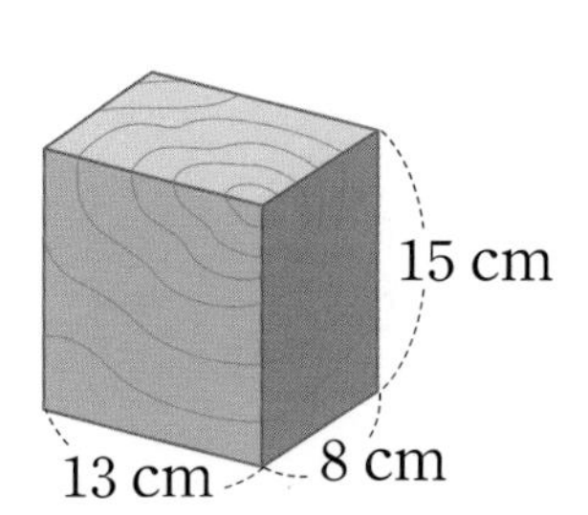

6 오른쪽 직육면체에서 면 ㄱㄴㄷㄹ의 넓이는 77 cm^2이고, 모든 모서리의 길이의 합이 92 cm라고 할 때, 모서리 ㄹㅇ의 길이는 몇 cm입니까?

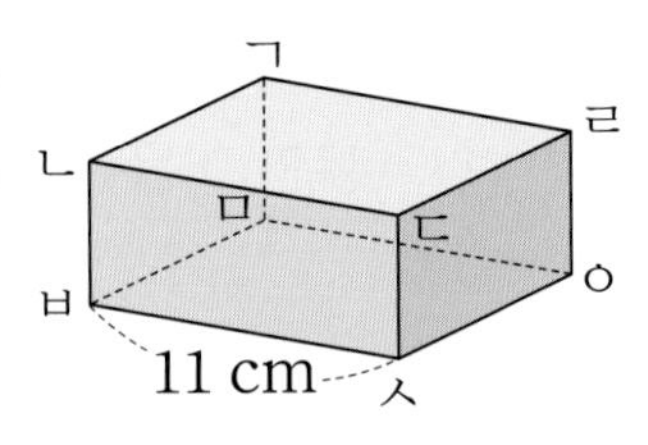

7 다음 그림은 똑같은 정사각형 5개를 변끼리 맞닿게 붙여서 만든 선대칭도형입니다. 이와 같은 방법으로 똑같은 정사각형 5개를 변끼리 맞닿게 붙여서 만들 수 있는 점대칭도형은 모두 몇 가지입니까? (단, 뒤집거나 돌려서 같은 모양이 나오면 한 가지로 생각합니다.)

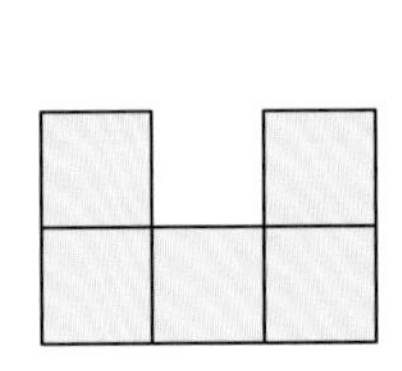

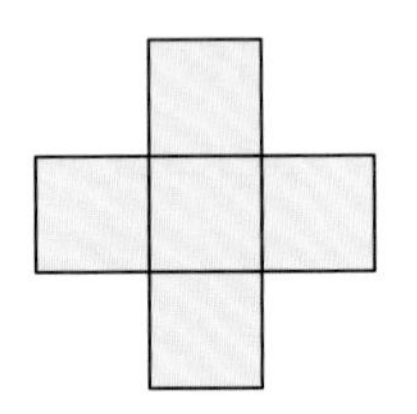

8 다음과 같이 직육면체 모양의 상자에 색 테이프를 둘러 붙이려고 합니다. 가 방법과 나 방법 중 어느 방법으로 붙일 때 색 테이프가 몇 cm 더 적게 사용됩니까?

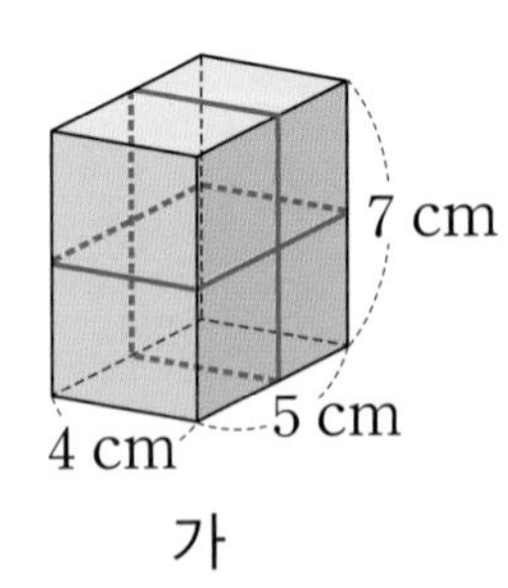

가

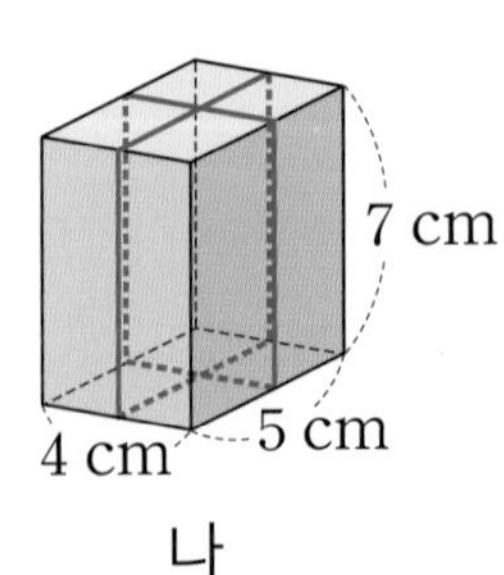

나

9 지구에서 금성까지의 거리는 약 42000000 km이고, 지구에서 화성까지의 거리는 약 78000000 km입니다. 빛은 1초에 약 299792 km를 갑니다. 화성인이 빛의 빠르기로 화성에서 출발하여 지구를 거쳐 금성에 도착하는 데 걸리는 시간은 약 몇 분 몇 초입니까? (단, 빛이 1초에 가는 거리를 반올림하여 만의 자리까지 나타내어 계산하시오.)

10 왼쪽 이등변삼각형 모양과 서로 합동인 종이 12장을 겹치지 않게 남김없이 이어 붙여 오른쪽과 같이 만들려고 합니다. 필요한 종이의 넓이는 몇 cm^2입니까?

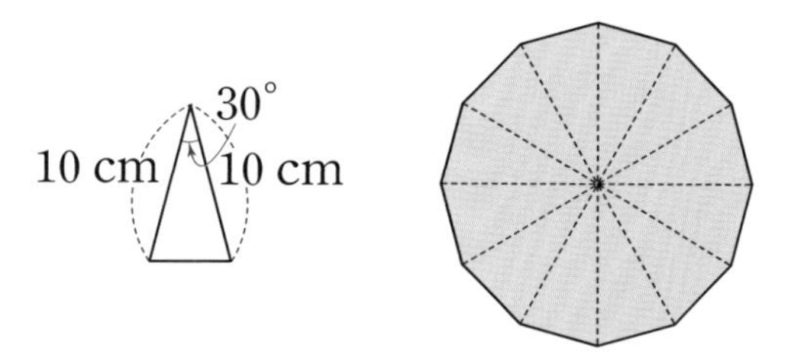

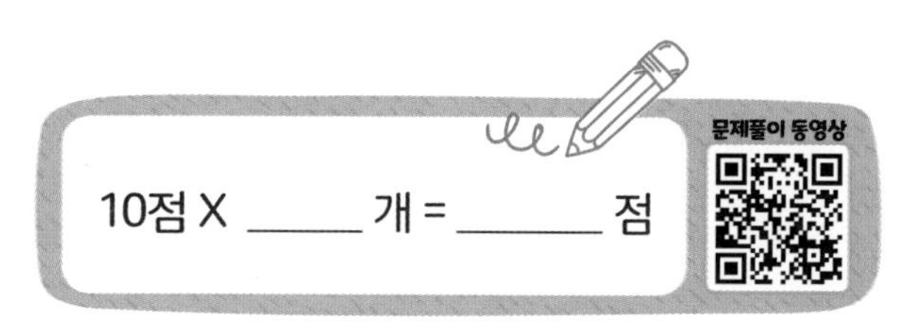

3장 규칙성·자료와 가능성

5-1

• 규칙과 대응

5-2

• 평균과 가능성

평균 구하기
평균을 이용하여 자룟값 구하기
일이 일어날 가능성 비교하기
일이 일어날 가능성을 수로 나타내기

6-1

• 비와 비율
• 여러 가지 그래프

“ 학습 계획 세우기 ”

	익히기	적용하기	
식을 만들어 해결하기	□ 88~89쪽 월 일	□ 90~91쪽 월 일	□ 92~93쪽 월 일
표를 만들어 해결하기	□ 94~95쪽 월 일	□ 96~97쪽 월 일	□ 98~99쪽 월 일
조건을 따져 해결하기	□ 100~101쪽 월 일	□ 102~103쪽 월 일	□ 104~105쪽 월 일

마무리 1회	마무리 2회
□ 106~109쪽 월 일	□ 110~113쪽 월 일

규칙성·자료와 가능성 시작하기

1 윤진이네 모둠 학생들이 가지고 있는 연필 수의 평균을 구하시오.

윤진이네 모둠 학생들이 가지고 있는 연필 수

이름	윤진	주영	승훈	재민	지은
연필 수(자루)	4	7	8	6	5

(   )

[2~3] 서준이네 반의 모둠별 친구 수와 딱지치기를 하여 모은 딱지 수를 나타낸 표입니다. 물음에 답하시오.

모둠	가	나	다
모둠 친구 수(명)	3	5	4
모은 딱지 수(개)	48	65	60

2 모둠별 모은 딱지 수의 평균을 구하시오.

가 모둠 (   )
나 모둠 (   )
다 모둠 (   )

3 1인당 모은 딱지 수가 가장 많은 모둠은 어느 모둠입니까?

(   )

4 서연이네 모둠 학생들의 몸무게를 나타낸 표입니다. 서연이네 모둠 학생들의 몸무게의 평균이 42 kg이라면 재영이의 몸무게는 몇 kg입니까?

서연이네 모둠 학생들의 몸무게

이름	서연	재석	미소	재영
몸무게(kg)	40	45	38	

(   )

5 1부터 6까지의 눈이 그려진 주사위를 1번 굴릴 때 일이 일어날 가능성을 찾아 기호를 쓰시오.

㉠ 확실하다	㉡ 반반이다	㉢ 불가능하다

(1) 주사위 눈의 수가 짝수가 나올 것입니다. (　　　　　)

(2) 주사위 눈의 수가 6 이하로 나올 것입니다. (　　　　　)

6 회전판을 돌렸을 때 화살이 파란색에 멈출 가능성이 더 큰 것의 기호를 쓰시오.

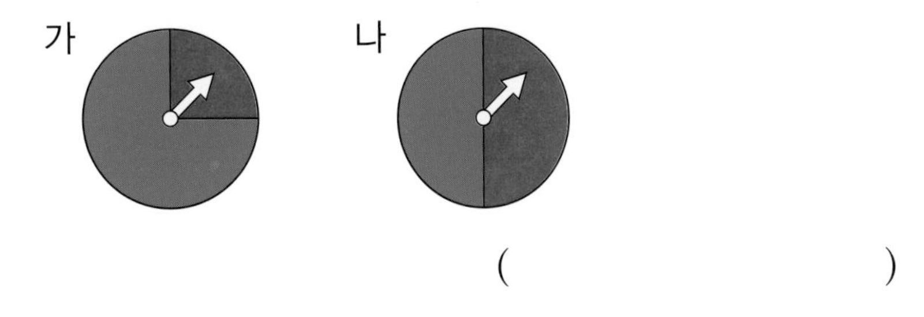

(　　　　　)

7 주머니 안에 초록색 구슬 1개와 보라색 구슬 1개가 들어 있습니다. 주머니에서 구슬 1개를 꺼낼 때 꺼낸 구슬이 보라색일 가능성을 수로 나타내시오.

(　　　　　)

8 당첨 제비만 4개 들어 있는 상자에서 제비 1개를 뽑을 때 뽑은 제비가 당첨 제비일 가능성을 말과 수로 나타내시오.

말 (　　　　　)

수 (　　　　　)

익히기

식을 만들어 해결하기

1

성훈이의 9월말 평가의 과목별 점수를 나타낸 표입니다. 10월말 평가에서 과학 점수만 10점 올린다면 10월말 평가 점수의 평균은 9월말 평가 점수의 평균보다 몇 점 높아집니까?

9월말 평가의 과목별 점수

과목	국어	수학	영어	사회	과학
점수(점)	88	96	90	97	84

문제 분석 구하려는 것에 밑줄을 긋고 주어진 조건을 정리해 보시오.

- 9월말 평가의 과목별 점수
- 10월말 평가에서 과학 점수만 ☐점 올립니다.

해결 전략 9월말 평가 점수의 평균과 10월말 평가 점수의 평균을 각각 구합니다.

풀이

❶ **9월말 평가 점수의 평균은 몇 점인지 구하기**

(9월말 평가 점수의 합)$=88+96+90+$☐$+$☐$=$☐(점)

➡ (9월말 평가 점수의 평균)$=$☐$\div 5=$☐(점)

❷ **10월말 평가 점수의 평균은 몇 점인지 구하기**

(10월말 평가 점수의 합)$=$(9월말 평가 점수의 합)$+$☐

$=$☐$+$☐$=$☐

➡ (10월말 평가 점수의 평균)$=$☐$\div 5=$☐(점)

❸ **10월말 평가 점수의 평균은 9월말 평가 점수의 평균보다 몇 점 높아지는지 구하기**

10월말 평가 점수의 평균은 9월말 평가 점수의 평균보다

☐$-$☐$=$☐(점) 높아집니다.

답 ☐점

바른답 • 알찬풀이 27쪽

2

두 모둠 전체의 멀리뛰기 기록의 평균은 몇 cm입니까?

모둠	미정이네	재영이네
학생 수(명)	6	4
멀리뛰기 기록의 평균(cm)	165	135

문제 분석 구하려는 것에 밑줄을 긋고 주어진 조건을 정리해 보시오.

- 미정이네 모둠 6명의 멀리뛰기 기록의 평균: □ cm
- 재영이네 모둠 □명의 멀리뛰기 기록의 평균: □ cm

해결 전략 두 모둠 각각의 멀리뛰기 기록의 합과 두 모둠 전체의 학생 수를 구한 다음 이를 이용하여 두 모둠 전체의 멀리뛰기 기록의 평균을 구합니다.

풀이

❶ 미정이네 모둠과 재영이네 모둠 학생들의 기록의 합은 각각 몇 cm인지 구하기

(미정이네 모둠 학생들의 기록의 합)$=165\times6=$□ (cm)

(재영이네 모둠 학생들의 기록의 합)$=135\times$□$=$□ (cm)

❷ 두 모둠 전체의 멀리뛰기 기록의 평균은 몇 cm인지 구하기

(두 모둠 전체 학생 수)$=6+$□$=$□(명)

➡ (두 모둠 전체의 멀리뛰기 기록의 평균)

$=$(두 모둠 전체 학생들의 기록의 합)$\div$(두 모둠 전체 학생 수)

$=(990+$□$)\div$□

$=$□$\div$□$=$□ (cm)

답  cm

식을 만들어 해결하기

1 승준이네 모둠 학생들이 가지고 있는 구슬 수를 나타낸 표입니다. 모둠 학생들이 가지고 있는 구슬 수의 평균보다 구슬을 많이 가지고 있는 학생은 누구인지 모두 구하시오.

승준이네 모둠 학생들이 가지고 있는 구슬 수

이름	승준	민아	영수	지수	준호	혜진
구슬 수(개)	24	27	16	20	18	21

❶ 승준이네 모둠 학생들이 가지고 있는 구슬 수의 평균은 몇 개인지 구하기

❷ 구슬 수의 평균보다 구슬을 많이 가지고 있는 학생은 누구인지 모두 구하기

2 시험에서 선화가 받은 과목별 점수를 나타낸 표입니다. 평균이 87점일 때 과학은 몇 점입니까?

선화가 받은 과목별 점수

과목	국어	영어	수학	사회	과학	체육
점수(점)	85	86	91	90		89

❶ 여섯 과목의 총점은 몇 점인지 구하기

❷ 과학 점수는 몇 점인지 구하기

바른답·알찬풀이 28쪽

3

가와 나 두 도시의 하루 동안의 기온을 오전 6시, 정오, 오후 6시, 자정에 각각 측정하여 기록한 표입니다. 측정한 기온의 평균은 어느 도시가 몇 ℃ 더 높습니까?

하루 동안의 기온

(단위: ℃)

시각 / 도시	오전 6시	정오	오후 6시	자정
가	12.5	18	14.5	15
나	11	20.5	13	11.5

❶ 가 도시와 나 도시의 기온의 평균은 몇 ℃인지 각각 구하기

❷ 측정한 기온의 평균은 어느 도시가 몇 ℃ 더 높은지 구하기

4

규민이네 모둠 학생들이 주말농장에서 캔 고구마의 양을 나타낸 표입니다. 예슬이와 미경이가 캔 고구마의 양이 같다면 미경이가 캔 고구마의 양은 몇 kg입니까?

규민이네 모둠이 캔 고구마의 양

이름	규민	예슬	영미	하나	미경	평균
고구마의 양(kg)	6		4.8	3.2		4

❶ 규민이네 모둠이 캔 전체 고구마의 양은 몇 kg인지 구하기

❷ 미경이가 캔 고구마의 양은 몇 kg인지 구하기

식을 만들어 해결하기

5 수진이네 반 남학생과 여학생의 앉은키의 평균을 나타낸 표입니다. 수진이네 반 전체 학생의 앉은키의 평균은 몇 cm입니까?

남학생 18명	평균 80 cm
여학생 12명	평균 75 cm

① 남학생과 여학생의 앉은키의 합은 각각 몇 cm인지 구하기

② 수진이네 반 전체 학생의 앉은키의 평균은 몇 cm인지 구하기

6 혜수는 3일 동안 책을 읽은 시간의 평균이 40분이 되도록 책을 읽기로 하였습니다. 내일은 오후 몇 시 몇 분까지 책을 읽어야 하는지 구하시오.

책을 읽은 시간

날	시작 시각	끝난 시각
어제	오후 3:40	오후 4:05
오늘	오후 4:35	오후 5:20
내일	오후 3:50	

① 3일 동안 책을 읽어야 하는 시간은 몇 분인지 구하기

② 내일 책을 읽어야 하는 시간 구하기

③ 내일은 오후 몇 시 몇 분까지 책을 읽어야 하는지 구하기

바른답 • 알찬풀이 28쪽

7

9월의 솔희네 학교 5학년 반별 학생 수를 나타낸 표입니다. 10월에 5학년 학생 4명이 전학을 왔다면 10월의 5학년 반별 학생 수의 평균은 9월의 5학년 반별 학생 수의 평균보다 몇 명 늘어났습니까?

9월의 5학년 반별 학생 수

반	1반	2반	3반	4반
학생 수(명)	28	30	31	27

8

승민이네 모둠 학생 12명이 과녁 맞히기 놀이를 했습니다. 남학생 8명의 점수의 평균은 12점이고 전체 학생의 점수의 평균은 11점입니다. 여학생 4명의 점수의 평균은 몇 점입니까?

9

한별이네 모둠 학생들의 50 m 달리기 기록을 나타낸 표입니다. 소희가 민석이보다 0.8초 더 빠르다고 할 때 소희와 민석이의 50 m 달리기 기록은 각각 몇 초입니까?

50 m 달리기 기록

이름	한별	소희	준서	민석	희진	수영	평균
기록(초)	10.4		9.5		10.7	10.6	10

표를 만들어 해결하기

1

100원짜리 동전 한 개와 500원짜리 동전 한 개를 동시에 던질 때 한 동전만 숫자 면이 나올 가능성을 수로 나타내시오.

문제 분석 구하려는 것에 밑줄을 긋고 주어진 조건을 정리해 보시오.

- 100원짜리 동전 한 개와 ☐원짜리 동전 한 개
- 동전 두 개를 동시에 던졌습니다.

해결 전략 100원짜리 동전 한 개와 500원짜리 동전 한 개를 동시에 던져서 나올 수 있는 동전의 면을 표에 나타내 봅니다.

풀이

❶ 100원짜리 동전 한 개와 500원짜리 동전 한 개를 동시에 던질 때 나오는 경우를 표에 나타내기

100원짜리 동전	숫자 면	숫자 면	그림 면	그림 면
500원짜리 동전				

❷ 한 동전만 숫자 면이 나올 가능성을 수로 나타내기

❶의 표에서 한 동전만 숫자 면이 나올 가능성은

(확실하다 , 반반이다 , 불가능하다)이므로 수로 나타내면 ☐입니다.

답 ☐

바른답 • 알찬풀이 29쪽

2

승주가 과녁판에 화살을 8개 던져서 오른쪽과 같이 맞혔습니다. 화살을 한 개 더 던져서 승주의 점수의 평균이 6점이 되었다면, 마지막 화살로 맞힌 점수는 몇 점입니까?

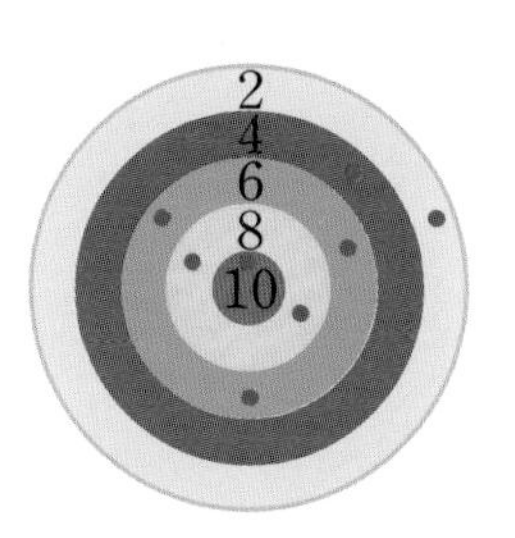

문제 분석 구하려는 것에 밑줄을 긋고 주어진 조건을 정리해 보시오.

• 화살 ☐개를 던진 과녁판

• 화살을 한 개 더 던졌을 때 승주의 점수의 평균: ☐점

해결 전략 승주가 8개의 화살을 던져서 얻은 점수를 표에 나타내 봅니다.

풀이

❶ 화살 8개를 던진 과녁판을 보고 승주가 얻은 점수를 표에 나타내기

점수(점)	2	4	6	8	10	합
맞힌 화살 수(개)	1	1				
승주가 얻은 점수(점)	2					

❷ 화살 9개를 던졌을 때 맞힌 점수의 합은 몇 점인지 구하기

화살 9개를 던졌을 때 맞힌 점수의 평균이 ☐점이므로

(화살 9개를 던져 맞힌 점수의 합)$=$☐$\times 9=$☐(점)입니다.

❸ 마지막 화살로 맞힌 점수는 몇 점인지 구하기

(화살 9개를 던져 맞힌 점수의 합)$-$(화살 8개를 던져 맞힌 점수의 합)

$=$☐$-$☐$=$☐(점)

답 ☐점

표를 만들어 해결하기

1 다음과 같이 두 주머니에 바둑돌이 들어 있습니다. 두 주머니에서 바둑돌을 한 개씩 꺼낼 때 꺼낸 바둑돌이 흰색 1개, 검은색 1개가 될 가능성을 수로 나타내시오.

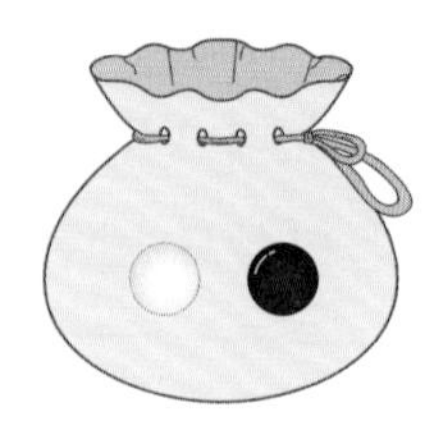

❶ 두 주머니에서 바둑돌을 꺼내는 경우를 표에 나타내기

왼쪽 주머니	흰색			
오른쪽 주머니	흰색			

❷ 꺼낸 바둑돌이 흰색 1개, 검은색 1개가 될 가능성을 수로 나타내기

2 주머니 속에 10원짜리, 50원짜리, 100원짜리, 500원짜리 동전이 각각 한 개씩 들어 있습니다. 이 주머니에서 한 번에 동전 2개를 꺼낼 때 나올 수 있는 동전 금액의 합은 모두 몇 가지입니까?

❶ 주머니에서 한 번에 동전 2개를 꺼낼 때 나올 수 있는 경우를 표에 나타내기

500원짜리 동전 수(개)	1	1				
100원짜리 동전 수(개)	1	0				
50원짜리 동전 수(개)	0	1				
10원짜리 동전 수(개)	0	0				
금액의 합(원)	600					

❷ 주머니에서 한 번에 동전 2개를 꺼낼 때 나올 수 있는 동전 금액의 합은 모두 몇 가지인지 구하기

바른답 • 알찬풀이 29쪽

3

100원짜리 동전 한 개와 1부터 6까지의 눈이 그려진 주사위 한 개를 동시에 던질 때 동전은 그림 면이 나오고 주사위는 눈의 수가 7 이상으로 나올 가능성을 수로 나타내시오.

① 100원짜리 동전 한 개와 주사위 한 개를 동시에 던질 때 나오는 경우를 표에 나타내기

100원짜리 동전	숫자 면	숫자 면	숫자 면	숫자 면	숫자 면	숫자 면
주사위	1	2	3			

100원짜리 동전	그림 면	그림 면	그림 면			
주사위				4	5	6

② 동전은 그림 면이 나오고 주사위는 눈의 수가 7 이상으로 나올 가능성을 수로 나타내기

4

수 카드 [1], [4], [7] 을 모두 한 번씩 사용하여 세 자리 수를 만들려고 합니다. 만든 세 자리 수가 470보다 클 가능성을 수로 나타내시오.

① 수 카드를 한 번씩 사용하여 만든 세 자리 수를 표에 나타내기

백의 자리 숫자	1	1				
십의 자리 숫자	4	7				
일의 자리 숫자	7					
세 자리 수	147					

② 만든 세 자리 수가 470보다 클 가능성을 수로 나타내기

표를 만들어 해결하기

5 효주가 과녁판에 화살을 9개 던져서 오른쪽과 같이 맞혔습니다. 화살을 한 개 더 던져서 효주의 점수의 평균이 2.8점이 되었다면, 마지막 화살로 맞힌 점수는 몇 점입니까?

❶ 화살 9개를 던진 과녁판을 보고 효주가 얻은 점수를 표에 나타내기

점수(점)	1	2	3	4	5	합
맞힌 화살 수(개)	3	1				
효주가 얻은 점수(점)	3					

❷ 화살 10개를 던졌을 때 맞힌 점수의 합은 몇 점인지 구하기

❸ 마지막 화살로 맞힌 점수는 몇 점인지 구하기

6 1부터 6까지의 눈이 그려진 서로 다른 주사위 3개를 동시에 던졌을 때 나온 눈의 수의 합이 6인 경우는 모두 몇 가지입니까?

❶ 서로 다른 주사위 3개를 동시에 던졌을 때 나온 눈의 수의 합이 6인 경우를 표로 나타내기

주사위 눈의 수	1	1								
	1	4								

❷ 서로 다른 주사위 3개를 동시에 던졌을 때 나온 눈의 수의 합이 6인 경우는 모두 몇 가지인지 구하기

바른답 • 알찬풀이 30쪽

7 0부터 9까지의 숫자가 적힌 카드가 한 장씩 있습니다. 이 중에서 3장을 뽑아 백, 십, 일의 자리에 큰 수부터 차례로 늘어놓을 때 9, 8, 7이나 5, 3, 1 등과 같이 이웃한 두 수의 차가 같게 되는 경우는 모두 몇 가지입니까?

백의 자리 숫자	이웃한 두 수의 차			
	1	2	3	4
9	987	975	963	
8	876	864		
7	765			
6				

백의 자리 숫자	이웃한 두 수의 차			
	1	2	3	4
5		531		×
4	432			
3			×	
2				

8 재호는 원 모양의 과녁판에 화살 던지는 놀이를 하고 있습니다. 서로 다른 두 개의 화살을 차례로 던져 맞힌 두 수의 합이 홀수가 될 가능성을 수로 나타내시오. (단, 화살이 경계선 위나 과녁판 밖을 맞히는 경우는 제외합니다.)

익히기

조건을 따져 해결하기

1 시호는 구슬 개수 맞히기를 하고 있습니다. 구슬 8개가 들어 있는 주머니에서 1개 이상의 구슬을 꺼냈을 때 꺼낸 구슬의 개수가 짝수일 가능성과 회전판의 화살이 분홍색에 멈출 가능성이 같도록 회전판을 색칠하시오.

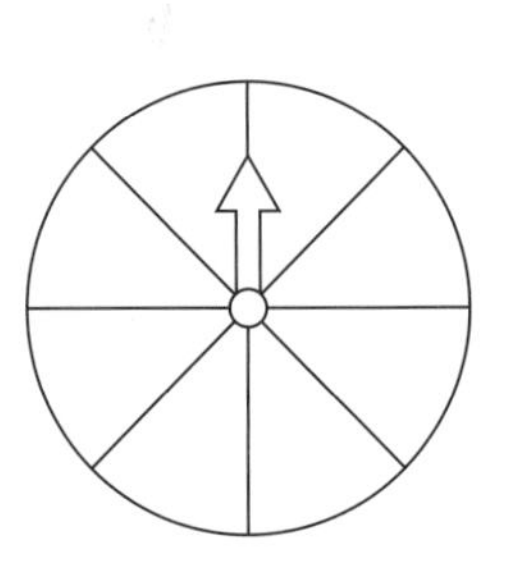

문제 분석 구하려는 것에 밑줄을 긋고 주어진 조건을 정리해 보시오.

• 전체 구슬 수: □개 • □칸으로 나누어진 회전판

해결 전략 꺼낸 구슬의 개수가 짝수일 가능성을 구합니다.

풀이

❶ 꺼낸 구슬의 개수가 짝수일 가능성을 수로 나타내기

1개 이상의 구슬을 꺼낼 때 나올 수 있는 구슬의 개수는 1개, 2개, 3개, □개, □개, □개, □개, □개로 □가지 경우가 있고,

이 중 꺼낸 구슬의 개수가 짝수인 경우는 2개, □개, □개, □개로 □가지입니다.

➡ 꺼낸 구슬의 개수가 짝수일 가능성은

(확실하다 , 반반이다 , 불가능하다)이므로 수로 나타내면 □입니다.

❷ 꺼낸 구슬의 개수가 짝수일 가능성과 회전판의 화살이 분홍색에 멈출 가능성이 같도록 회전판 색칠하기

회전판이 8칸으로 나누어져 있으므로 □칸에 분홍색을 색칠합니다.

답

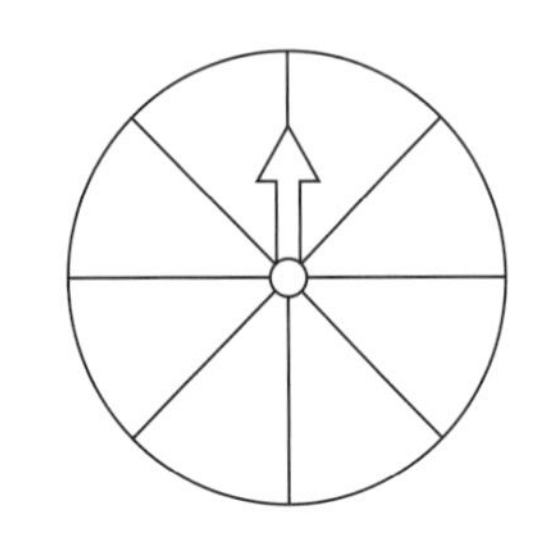

바른답 • 알찬풀이 31쪽

2

지은이와 희영이네 모둠이 일주일 동안 컴퓨터를 한 시간을 나타낸 표입니다. 지은이네 모둠이 희영이네 모둠보다 평균 18분 더 많이 컴퓨터를 하였다면 수미가 일주일 동안 컴퓨터를 한 시간은 몇 분입니까?

지은이네 모둠이 컴퓨터를 한 시간

이름	지은	영민	민영	수미	선아
시간(분)	120	150	90		180

희영이네 모둠이 컴퓨터를 한 시간

이름	희영	은진	수빈	예리	정수
시간(분)	150	60	84	90	126

문제 분석 구하려는 것에 밑줄을 긋고 주어진 조건을 정리해 보시오.

- 지은이와 희영이네 모둠이 일주일 동안 컴퓨터를 한 시간을 나타낸 표
- 지은이네 모둠이 희영이네 모둠보다 컴퓨터를 평균 ☐분 더 많이 했습니다.

해결 전략 희영이네 모둠이 컴퓨터를 한 시간의 평균을 구한 후 ☐분을 더하여 지은이네 모둠이 컴퓨터를 한 시간의 평균을 구합니다.

풀이

❶ **희영이네 모둠이 컴퓨터를 한 시간의 평균은 몇 분인지 구하기**

(희영이네 모둠이 컴퓨터를 한 시간의 평균)

=(150+☐+84+☐+☐)÷☐=☐(분)

❷ **지은이네 모둠이 컴퓨터를 한 시간의 합은 몇 분인지 구하기**

(지은이네 모둠이 컴퓨터를 한 시간의 평균)=☐+18=☐(분)

(지은이네 모둠이 컴퓨터를 한 시간의 합)=☐×☐=☐(분)

❸ **수미가 일주일 동안 컴퓨터를 한 시간은 몇 분인지 구하기**

(지은이네 모둠이 컴퓨터를 한 시간의 합)−(나머지 네 학생의 시간의 합)

=☐−(120+150+90+☐)=☐(분)

답 ☐분

조건을 따져 해결하기

1 주사위를 굴려서 나온 주사위의 눈의 수가 6 이하일 가능성과 회전판의 화살이 노란색에 멈출 가능성이 같도록 회전판을 색칠하시오.

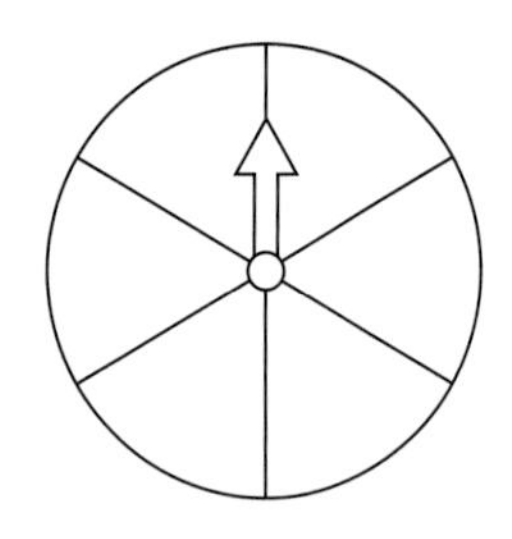

① 주사위의 눈의 수가 6 이하일 가능성을 수로 나타내기

② 주사위의 눈의 수가 6 이하일 가능성과 회전판의 화살이 노란색에 멈출 가능성이 같도록 회전판 색칠하기

2 태준이네 가족은 4명입니다. 태준이는 13살이고 형은 태준이보다 2살 더 많습니다. 아버지의 나이는 형의 나이의 3배이고 어머니의 나이는 태준이의 나이의 3배보다 4살 더 많다면 태준이네 가족 나이의 평균은 몇 살입니까?

① 형의 나이는 몇 살인지 구하기

② 아버지와 어머니의 나이는 각각 몇 살인지 구하기

③ 태준이네 가족 나이의 평균은 몇 살인지 구하기

바른답 • 알찬풀이 31쪽

3 주사위 놀이를 하고 있습니다. 1부터 6까지의 눈이 그려진 주사위 한 개를 한 번 굴릴 때 일이 일어날 가능성이 큰 것부터 차례로 기호를 쓰시오.

㉠ 주사위 눈의 수가 짝수가 나올 가능성
㉡ 주사위 눈의 수가 10의 배수가 나올 가능성
㉢ 주사위 눈의 수가 8 이하의 수가 나올 가능성
㉣ 주사위 눈의 수가 6의 약수가 나올 가능성

1 ㉠, ㉡, ㉢, ㉣이 일어날 가능성을 말로 표현하기

2 일이 일어날 가능성이 큰 것부터 차례로 기호 쓰기

4 어느 지역의 마을별 배 생산량을 나타낸 표입니다. 라 마을에서 생산한 배를 10 kg씩 상자에 담으려면 상자는 몇 개 필요합니까?

마을별 배 생산량

마을	가	나	다	라	마	바	평균
생산량(kg)	450	530	640		570	490	540

1 이 지역에서 생산한 배는 모두 몇 kg인지 구하기

2 라 마을에서 생산한 배는 몇 kg인지 구하기

3 라 마을에서 생산한 배를 10 kg씩 상자에 담으려면 상자는 몇 개 필요한지 구하기

조건을 따져 해결하기

5 현지와 선화네 모둠 학생들의 윗몸 말아 올리기 기록을 나타낸 표입니다. 두 모둠의 윗몸 말아 올리기 기록의 평균이 같을 때 두 모둠 전체 기록 중 가장 높은 기록과 가장 낮은 기록의 합은 몇 회입니까?

현지네 모둠의 윗몸 말아 올리기 기록

이름	현지	상권	진영	현철
기록(회)	44	50	49	

선화네 모둠의 윗몸 말아 올리기 기록

이름	선화	재윤	호준	미선	아영
기록(회)	52	38	40	50	45

❶ 현지네 모둠 기록의 평균은 몇 회인지 구하기

❷ 현철이의 기록은 몇 회인지 구하기

❸ 두 모둠 전체 기록 중 가장 높은 기록과 가장 낮은 기록의 합은 몇 회인지 구하기

6 수정이는 처음 2 km를 50분 동안 걸었고, 다음 4 km를 2시간 10분 동안 걸었습니다. 1 km를 걷는 데 평균 몇 분이 걸렸습니까?

❶ 수정이가 한 시간 동안 걷는 평균 거리는 몇 km인지 구하기

❷ 수정이가 1 km를 걷는 데 평균 몇 분이 걸리는지 구하기

바른답 • 알찬풀이 32쪽

7

상자에 빨간색 구슬 4개와 파란색 구슬 몇 개가 들어 있습니다. 이 상자에서 은서가 파란색 구슬 1개를 꺼낸 후, 건우가 파란색 구슬 3개를 더 꺼냈습니다. 지금의 상자에서 구슬 1개를 꺼낼 때 꺼낸 구슬이 빨간색일 가능성과 파란색일 가능성이 같습니다. 처음 상자에 들어 있던 구슬은 몇 개인지 구하시오. (단, 꺼낸 구슬은 다시 넣지 않습니다.)

8

현진이와 지희가 볼링 공을 굴려 넘어뜨린 볼링 핀의 수를 나타낸 표입니다. 현진이가 지희보다 평균 2개를 더 넘어뜨렸다면 현진이가 5회에 넘어뜨린 볼링 핀은 몇 개입니까?

넘어뜨린 볼링 핀의 수

(단위: 개)

이름＼회	1회	2회	3회	4회	5회
현진	7	9	8	8	
지희	3	4	8	6	9

9

승연이와 정아가 가지고 있는 돈의 평균은 3750원이고 정아와 찬욱이가 가지고 있는 돈의 평균은 3950원입니다. 세 사람이 가진 돈의 평균이 4550원일 때 승연, 정아, 찬욱이가 가진 돈은 각각 얼마입니까?

규칙성·자료와 가능성 마무리하기 1회

식을 만들어 해결하기

1 지현이는 수학 문제를 일주일 동안 하루 평균 35문제씩 풀었습니다. 일주일 동안 푼 문제는 모두 몇 문제입니까?

조건을 따져 해결하기

2 회전판에서 화살이 빨간색에 멈출 가능성이 큰 것부터 차례로 기호를 쓰시오.

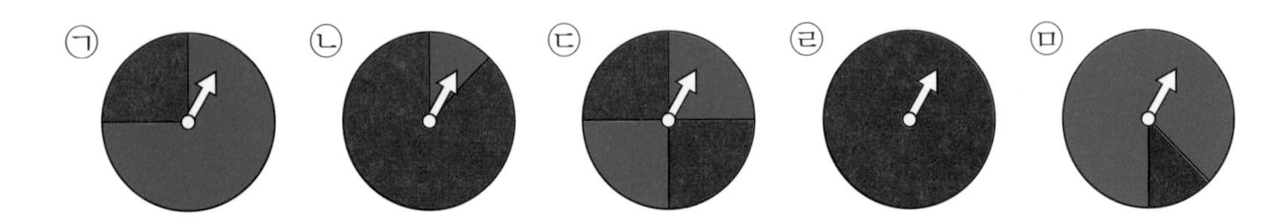

식을 만들어 해결하기

3 박물관에 5일 동안 다녀간 방문자 수를 나타낸 표입니다. 박물관에서는 지난 5일 동안 방문자 수의 평균보다 방문자 수가 많았던 요일에 안전 요원을 추가로 배정하려고 합니다. 안전 요원이 추가로 배정되어야 하는 요일을 모두 구하시오.

요일별 방문자 수

요일	월	화	수	목	금
방문자 수(명)	220	214	197	223	256

조건을 따져 해결하기

4 다음 중 일이 일어날 가능성이 작은 것부터 차례로 기호를 쓰시오.

㉠ 동전을 던졌을 때, 그림 면이 나올 가능성
㉡ 주사위를 굴렸을 때, 눈의 수가 6일 가능성
㉢ 5개의 흰색 구슬이 들어 있는 주머니에서 구슬 하나를 꺼냈을 때, 검은색일 가능성

조건을 따져 해결하기

5 재영이의 100 m 달리기 기록입니다. 전체 기록의 평균이 13초 이하가 되어야 대표 선수가 될 수 있습니다. 재영이가 대표 선수가 되려면 마지막 기록은 몇 초 이하이어야 합니까?

13.5초 14초 12.5초 13초 □초

조건을 따져 해결하기

6 경품 추첨함에 들어 있는 제비 50개 중 당첨 제비가 1등은 1개, 2등은 5개, 3등은 8개, 4등은 11개 들어 있습니다. 제비 한 개를 뽑았을 때 당첨될 가능성을 수로 나타내시오.

조건을 따져 해결하기

7 가 학교와 나 학교의 학생 수는 각각 280명, 300명입니다. 가 학교와 나 학교의 운동장의 넓이가 4200 m^2로 같을 때, 가 학교와 나 학교 중 어느 학교 학생들이 운동장을 더 넓게 이용할 수 있습니까?

식을 만들어 해결하기

8 지윤이의 월별 수행평가 점수를 나타낸 표입니다. 12월의 수행평가 점수가 지금보다 8점 더 높아진다면 평균은 몇 점 더 높아집니까?

지윤이의 월별 수행평가 점수

월	9	10	11	12
점수(점)	86	94	93	79

바른답 • 알찬풀이 34쪽

표를 만들어 해결하기

9 효선이가 과녁판에 화살을 7개 던져서 오른쪽과 같이 맞혔습니다. 화살을 한 개 더 던져서 효선이의 점수의 평균이 45점이 되었다면, 마지막 화살로 맞힌 점수는 몇 점입니까?

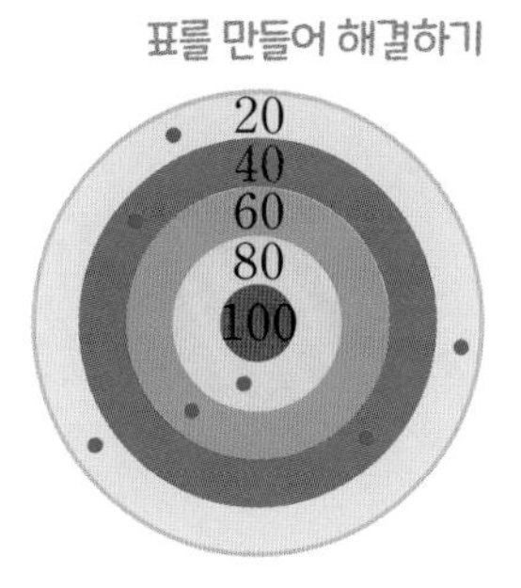

식을 만들어 해결하기

10 진규네 반에서 신체검사를 실시하였더니 남학생 12명 몸무게의 평균은 56 kg이고 여학생 16명 몸무게의 평균은 49 kg이었습니다. 진규네 반 전체 학생의 몸무게의 평균은 몇 kg입니까?

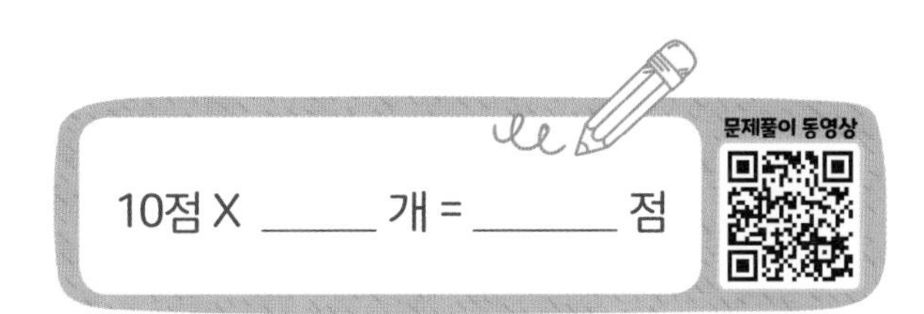

규칙성·자료와 가능성 마무리하기 

1 보기 에 알맞은 회전판이 되도록 색칠하시오.

보기

- 화살이 초록색에 멈출 가능성을 수로 나타내면 $\frac{1}{2}$입니다.
- 화살이 노란색에 멈출 가능성은 빨간색에 멈출 가능성과 같습니다.
- 화살이 파란색에 멈출 가능성은 빨간색에 멈출 가능성의 2배입니다.

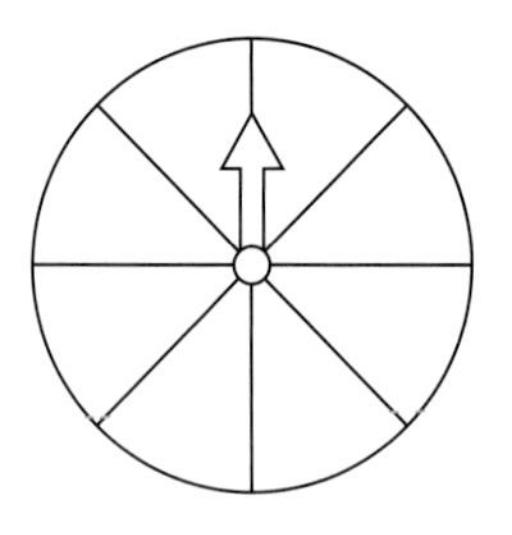

2 버스가 한 시간에 90 km를 가는 빠르기로 270 km를 달린 후 다시 한 시간에 85 km를 가는 빠르기로 170 km를 달렸습니다. 버스는 한 시간 동안 평균 몇 km를 달렸습니까?

3 재영이와 현숙이가 각자 가지고 있는 12장의 카드 중 한 장을 뽑을 때 ★, ◈ 모양의 카드를 뽑을 가능성을 각각 수로 나타내었습니다. 나타낸 수의 합이 더 큰 사람은 누구입니까?

재영

★	★	★	★
★	★	★	★
★	★	★	★

현숙

바른답 • 알찬풀이 34쪽

4 민수와 아인이가 1분씩 5회 동안 기록한 타자 수를 나타낸 표입니다. 두 사람의 타자 수의 평균이 같고 아인이의 타자 수는 3회가 2회보다 5타 많다고 합니다. 아인이의 3회 타자 수는 몇 타입니까?

민수의 회별 타자 수

회	1	2	3	4	5
타자 수(타)	330	315	320	300	325

아인이의 회별 타자 수

회	1	2	3	4	5
타자 수(타)	310			299	324

5 1부터 25까지 연속하는 자연수의 평균을 구하시오.

6 다음 두 상자에 각각 4개의 공이 들어 있습니다. 왼쪽 상자에서 공 1개를 꺼낼 때 꺼낸 공이 빨간색일 가능성은 0이고, 두 상자에 들어 있는 공을 큰 상자로 모두 합친 후, 공 1개를 꺼낼 때 꺼낸 공이 빨간색일 가능성은 $\frac{1}{2}$입니다. 오른쪽 상자에서 공 1개를 꺼낼 때 꺼낸 공이 빨간색일 가능성을 수로 나타내시오.

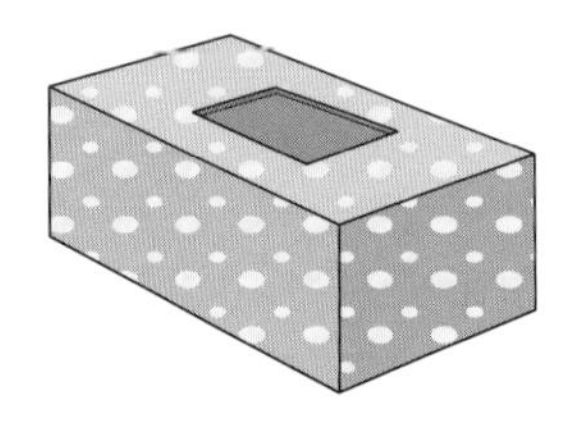
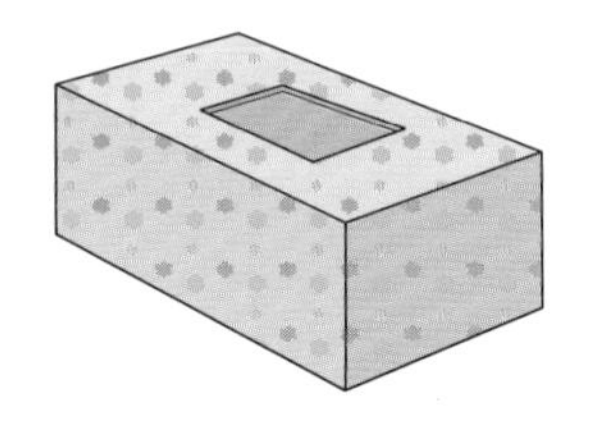

7 윤희가 동요 부르기 예선 대회에 나갔습니다. 심사위원 6명에게 받은 점수의 평균이 18.5점이고, 가장 높은 점수와 가장 낮은 점수를 뺀 점수의 평균은 19점입니다. 윤희가 받은 점수 중 가장 낮은 점수가 15점일 때, 가장 높은 점수는 몇 점입니까?

8 길이가 다른 세 나무토막이 있습니다. 세 나무토막의 길이의 평균이 0.9 m일 때 가장 긴 나무토막은 가장 짧은 나무토막보다 58 cm 더 길고 중간 길이의 나무토막은 가장 짧은 나무토막보다 23 cm 더 깁니다. 가장 긴 나무토막의 길이는 몇 cm입니까?

바른답 • 알찬풀이 35쪽

9 50원짜리, 100원짜리, 500원짜리 동전 3개를 동시에 던질 때 그림 면이 2개 이상 나올 가능성을 수로 나타내시오.

10 세영, 준호, 태연이가 하루 동안 섭취한 열량을 조사했습니다. 세영이와 준호가 섭취한 열량의 평균은 1941 kcal, 준호와 태연이가 섭취한 열량의 평균은 2031 kcal, 세영이와 태연이가 섭취한 열량의 평균은 2010 kcal입니다. 세 사람이 섭취한 열량의 평균은 몇 kcal입니까?

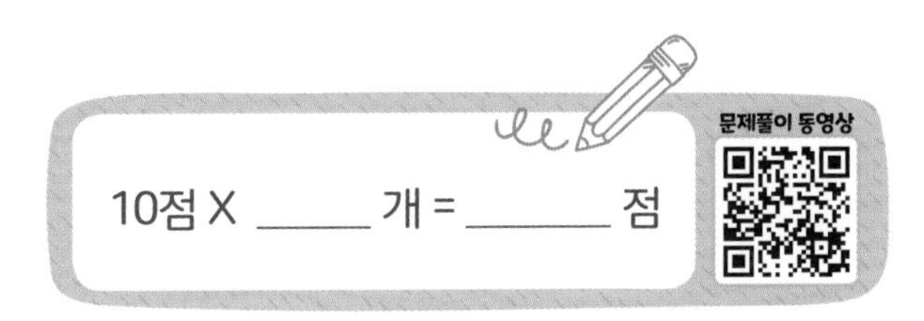

MEMO

MEMO

MEMO

문제해결의길잡이

5학년 2학기

문제 해결력 TEST

03

다음과 같이 주머니에 빨간색, 파란색, 노란색, 초록색 공이 20개 들어 있습니다. 이 주머니에서 공을 한 개 꺼낼 때 꺼낼 가능성이 가장 큰 공과 가장 작은 공의 색깔을 차례로 구하시오.

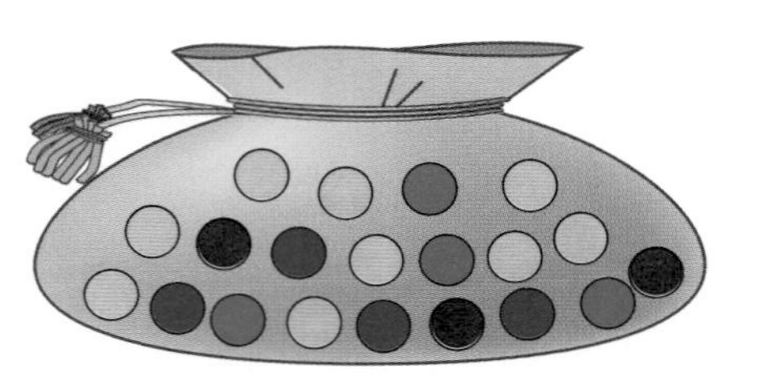

04

수직선에 나타낸 수의 범위에 속하는 자연수가 9개일 때 ㉠에 알맞은 자연수를 구하시오.

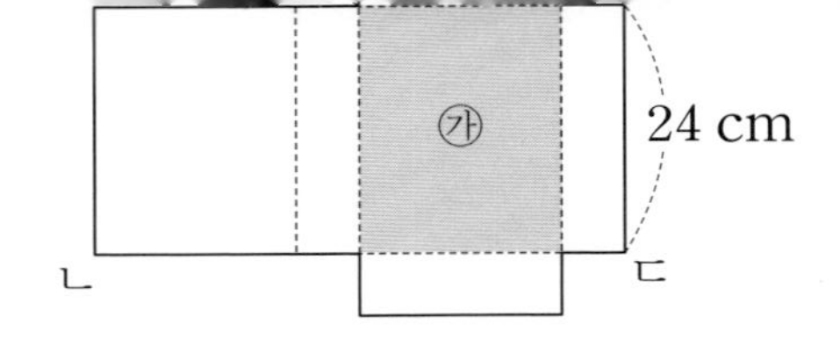

07

미진이의 줄넘기 기록을 나타낸 표입니다. 월요일부터 일요일까지의 줄넘기 기록의 평균이 65번 이상이 되려면 일요일에 뛴 줄넘기 기록은 적어도 몇 번이어야 합니까?

미진이의 줄넘기 기록

요일	월	화	수	목	금	토
기록(번)	48	36	64	70	75	88

08

민호네 학교 5학년 학생 수를 올림하여 십의 자리까지 나타내면 360명이고, 반올림하여 십의 자리까지 나타내면 350명입니다. 민호네 학교 5학년 학생들에게 공책을 2권씩 주려면 공책은 최소 몇 권 필요합니까?

09

서희가 가지고 있는 구슬의 $\frac{3}{5}$은 빨간색 구슬이고 나머지는 노란색 구슬입니다. 빨간색 구슬은 노란색 구슬보다 12개 더 많을 때 서희가 가지고 있는 구슬은 모두 몇 개입니까?

11

진수는 미술 시간에 세 모서리의 길이가 각각 21 cm, 15 cm, 10 cm인 직육면체 모양의 상자를 만들었고, 미진이는 한 모서리의 길이가 15 cm인 정육면체 모양의 상자를 만들었습니다. 진수와 미진이 중 누가 만든 상자의 모든 모서리의 길이의 합이 몇 cm 더 깁니까?

12

길이가 $\frac{3}{5}$ m인 색 테이프 40장을 $\frac{1}{9}$ m씩 겹쳐서 이어 붙였습니다. 이어 붙인 색 테이프의 전체 길이는 몇 m입니까?

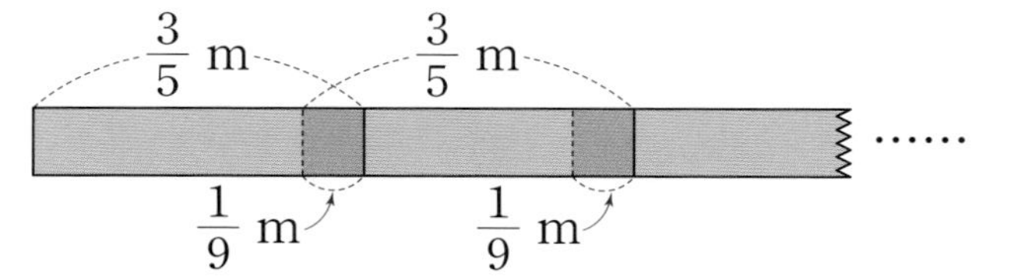

16

0.8을 50번 곱했을 때 곱의 소수 50째 자리 숫자를 구하시오.

17

어느 시험에 200명이 응시하여 50명이 합격했습니다. 불합격한 150명 점수의 평균이 70점이고 응시한 전체 200명 점수의 평균이 73점입니다. 합격한 사람의 점수의 평균은 몇 점입니까?

20

1부터 6까지의 눈이 그려져 있고 서로 평행한 면의 눈의 수의 합이 7인 주사위 3개를 다음과 같이 붙였습니다. 이때 밑에 놓인 면을 포함하여 바깥으로 보이는 면의 눈의 수의 합이 가장 클 때의 합을 구하시오.

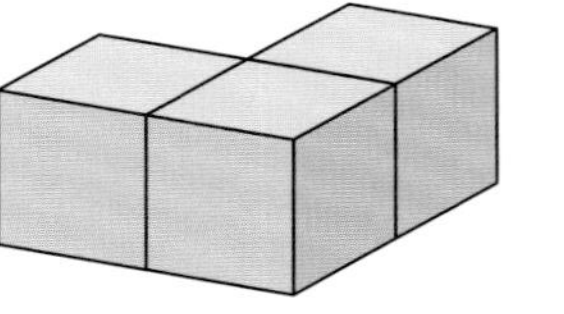

14

슬비네 학교에서는 학생 186명에게 공책을 3권씩 나누어 주려고 합니다. 마트에서는 공책을 10권씩 묶음으로 팔고, 한 묶음은 4700원입니다. 공장에서는 공책을 100권씩 상자로 팔고, 한 상자에 45000원입니다. 공책을 부족하지 않게 최소 묶음으로 사려면 마트와 공장 중 어느 곳에서 사는 것이 더 유리합니까?

15

어떤 정사각형의 가로를 $\frac{1}{2}$만큼 더 늘이고, 세로를 $\frac{1}{3}$로 줄여서 새로운 직사각형을 만들었습니다. 새로 만든 직사각형의 넓이는 처음 정사각형의 넓이의 몇 분의 몇입니까?

18

동전 한 개와 주사위 한 개를 동시에 던졌을 때, 동전은 숫자 면이 나오고 주사위는 눈의 수가 6 이하로 나올 가능성을 수로 나타내시오.

19

직사각형 ㄱㄴㄷㄹ을 점 ㅇ을 대칭의 중심으로 180° 돌려서 점대칭도형을 완성하면 둘레가 60 cm가 됩니다. 점 ㅁ은 점 ㄹ의 대응점이고 선분 ㄱㄴ과 선분 ㄱㅁ의 길이가 같을 때 선분 ㄱㅁ의 길이는 몇 cm입니까?

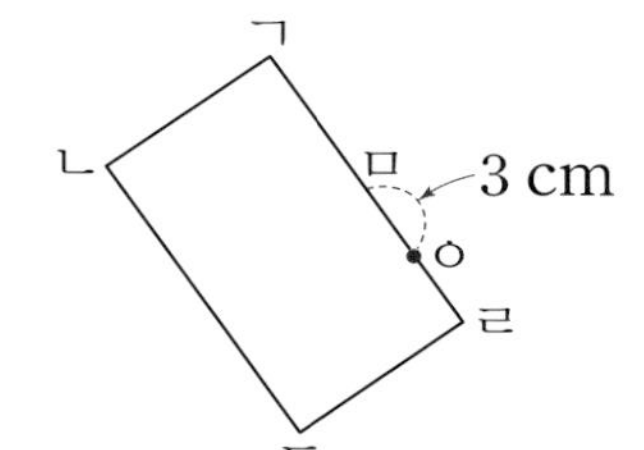

10

삼각형 모양의 색종이를 꼭짓점 ㄱ이 변 ㄴㄷ 위에 닿도록 접었습니다. 각 ㉠의 크기를 구하시오.

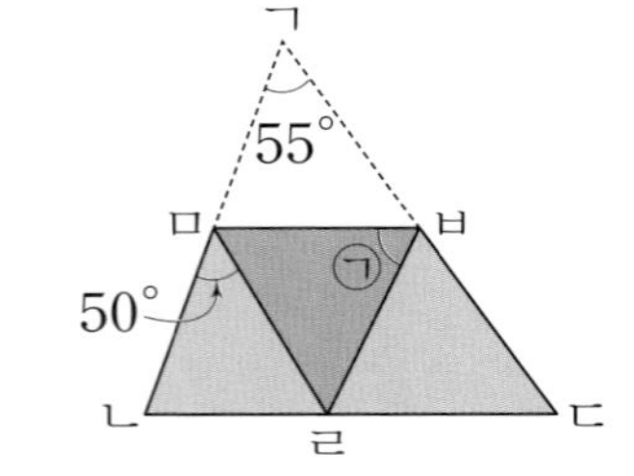

13

1분 동안 2.32 km를 가는 자동차 ㉮와 1분 동안 1.96 km를 가는 자동차 ㉯가 있습니다. 각각 같은 빠르기로 두 자동차가 같은 지점에서 동시에 출발하여 서로 반대 방향으로 1분 24초 동안 달렸습니다. 두 자동차 사이의 거리는 몇 km입니까?

5학년 2학기

문제 해결력 TEST

시험 시간 40분 문항 수 20개

01

수 카드를 2번씩 사용하여 만들 수 있는 두 번째로 큰 여섯 자리 수를 버림하여 백의 자리까지 나타내시오.

8 5 3

02

대칭축이 많은 선대칭도형부터 차례로 기호를 쓰시오.

㉠ 원 ㉡ 정사각형 ㉢ 정삼각형 ㉣ 정육각형

05

삼각형 ㄱㄴㄷ과 삼각형 ㅁㄷㄹ은 서로 합동입니다. 삼각형 ㄱㄴㄷ의 둘레가 36 cm일 때 삼각형 ㅁㄷㄹ의 넓이는 몇 cm^2입니까?

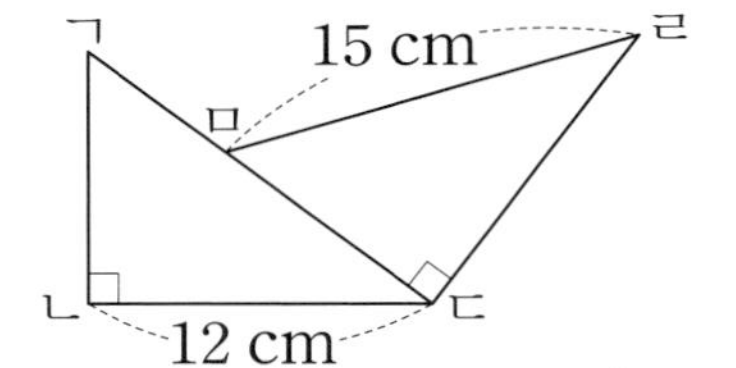

06

다음 직육면체의 전개도에서 ㉮의 넓이가 456 cm^2일 때 선분 ㄱㄹ의 길이는 몇 cm입니까?

ㄱ 6 cm ㄹ

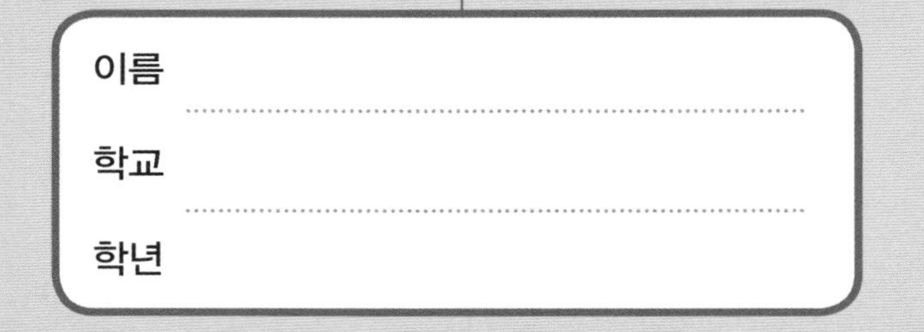

문제풀이 동영상

틀린 문제는 동영상으로 확인하고,
쌍둥이 문제는 다운받아 반드시 복습하세요.

공부력 강화 프로그램

공부력은 초등 시기에 갖춰야 하는 기본 학습 능력입니다.
공부력이 탄탄하면 언제든지 학습에서 두각을 나타낼 수 있습니다.
초등 교과서 발행사 미래엔의 공부력 강화 프로그램은
초등 시기에 다져야 하는 공부력 향상 교재입니다.

상위권
수학 학습서
Steady Seller

수학 상위권 진입을 위한 문장제 해결력 강화

문제 해결의 길잡이 원리

수학 5-2

바른답·알찬풀이

Mirae N 에듀

1장 수·연산

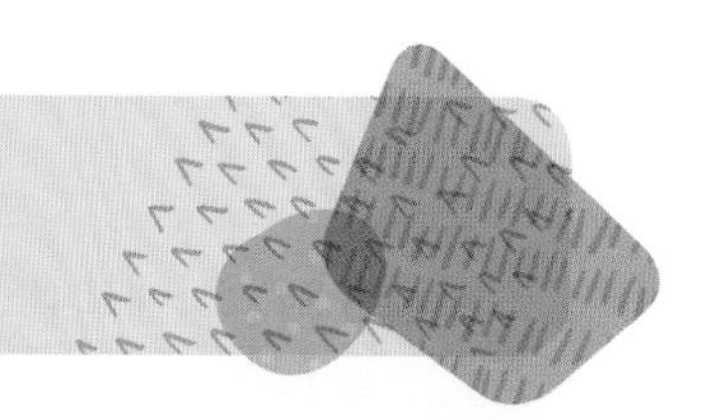

수·연산 시작하기 8~9쪽

1 <	**2** ㉡
3 $5\frac{3}{5}$ cm^2	**4** $\frac{1}{3}$
5 25.6, 2.24	**6** 1.2 m
7 태훈	**8** 2.8 L

1 • $8\times\frac{2}{5}=\frac{16}{5}=3\frac{1}{5}$ • $\frac{3}{\cancel{4}_2}\times\cancel{6}^3=\frac{9}{2}=4\frac{1}{2}$

➡ $3\frac{1}{5}<4\frac{1}{2}$

2 ㉠ $\frac{1}{6}\times\frac{1}{3}=\frac{1}{18}$ ㉡ $\frac{1}{4}\times\frac{1}{4}=\frac{1}{16}$

㉢ $\frac{1}{2}\times\frac{1}{9}=\frac{1}{18}$

3 (직사각형의 넓이)=(가로)×(세로)

$=3\frac{1}{2}\times1\frac{3}{5}=\frac{7}{\cancel{2}_1}\times\frac{\cancel{8}^4}{5}$

$=\frac{28}{5}=5\frac{3}{5}$ (cm^2)

4 운동을 좋아하는 남학생은 반 전체 학생의

$\frac{\cancel{2}^1}{\cancel{5}_1}\times\frac{\cancel{5}^1}{\cancel{6}_3}=\frac{1}{3}$입니다.

5 • $3.2\times8=25.6$ • $3.2\times0.7=2.24$

6 (유나의 작년 키)=(유나의 올해 키)×0.96

$=1.25\times0.96=1.2$ (m)

7 승호: $628\times0.01=6.28$

서현: $62.8\times0.001=0.0628$

태훈: $6.28\times10=62.8$

8 샴푸 한 통의 0.4배만큼 더 주므로 샴푸를 한 통 사면 모두 $2\times(1+0.4)=2\times1.4=2.8$ (L) 만큼 사는 셈입니다.

식을 만들어 해결하기

익히기 10~11쪽

1 분수의 곱셈

문제 분석 남은 리본은 몇 m

15 / $\frac{2}{5}$ / $\frac{1}{3}$

해결 전략 (곱셈식)/(뺄셈식)

풀이 ❶ $\cancel{15}^3\times\boxed{\frac{2}{\cancel{5}_1}}=\boxed{6}$ (m)

❷ $\cancel{15}^5\times\boxed{\frac{1}{\cancel{3}_1}}=\boxed{5}$ (m)

❸ 6, 5, 4

답 4

2 소수의 곱셈

문제 분석 준서가 5살이 되었을 때의 몸무게는 몇 kg

3 / 4.6, 1.5

해결 전략 (곱셈식)/(덧셈식)

풀이 ❶ 4.6 / 3, 4.6, 13.8

❷ 1.5 / 13.8, 1.5, 15.3

답 15.3

적용하기 12~15쪽

1 분수의 곱셈

❶ (사과 한 상자의 무게)

=(귤 한 상자의 무게)$\times1\frac{2}{3}$

$=9\times1\frac{2}{3}=\cancel{9}^3\times\frac{5}{\cancel{3}_1}=15$ (kg)

❷ (귤 한 상자와 사과 한 상자의 무게의 합)

=(귤 한 상자의 무게)+(사과 한 상자의 무게)

$=9+15=24$ (kg)

답 24 kg

2
소수의 곱셈

❶ 가에 0.27, 나에 1400을 넣어 식을 세우면
$0.27 ▲ 1400=(0.27\times100)\times(1400\times0.001)$

❷ • $0.27\times100=27$ • $1400\times0.001=1.4$
➡ $0.27 ▲ 1400=27\times1.4=37.8$

답 37.8

3
소수의 곱셈

❶ (달리기를 한 거리)
=(하루에 달린 거리)×(달리기를 한 날수)
$=1.7\times5=8.5$ (km)

❷ (자전거를 탄 거리)
=(하루에 탄 거리)×(자전거를 탄 날수)
$=2.16\times2=4.32$ (km)

❸ (일주일 동안 운동을 한 거리)
=(달리기를 한 거리)+(자전거를 탄 거리)
$=8.5+4.32=12.82$ (km)

답 12.82 km

4
분수의 곱셈

❶ 전체를 1이라고 하면 (아동 도서)$=\frac{7}{9}$이므로
(위인전)=(아동 도서)$\times\frac{1}{5}=\frac{7}{9}\times\frac{1}{5}=\frac{7}{45}$

❷ (학교 도서관에 있는 위인전 수)
$=\overset{40}{\cancel{1800}}\times\frac{7}{\underset{1}{\cancel{45}}}=280$(권)

답 280권

5
분수의 곱셈

❶ 정화의 키를 1이라고 하면
(수진이의 키)$=1+\frac{1}{6}=1\frac{1}{6}$이므로
수진이의 키는 정화의 키의 $1\frac{1}{6}$배입니다.

❷ (희재의 키)=(수진이의 키)$\times\frac{4}{7}$
$=1\frac{1}{6}\times\frac{4}{7}=\frac{\overset{1}{\cancel{7}}}{\underset{3}{\cancel{6}}}\times\frac{\overset{2}{\cancel{4}}}{\underset{1}{\cancel{7}}}=\frac{2}{3}$
따라서 희재의 키는 정화의 키의 $\frac{2}{3}$배입니다.

답 $\frac{2}{3}$배

6
소수의 곱셈

❶ (욕조에 1분 동안 받을 수 있는 물의 양)
=(수도꼭지에서 1분 동안 나오는 물의 양)
−(욕조에서 1분 동안 빠는 물의 양)
$=8.5-1.3=7.2$ (L)

❷ 1분은 60초이므로
3분 12초$=3\frac{\overset{2}{\cancel{12}}}{\underset{10}{\cancel{60}}}$분$=3\frac{2}{10}$분$=3.2$분입니다.

❸ (욕조에 3분 12초 동안 받을 수 있는 물의 양)
=(욕조에 1분 동안 받을 수 있는 물의 양)
×(물을 받는 시간)
$=7.2\times3.2=23.04$ (L)

답 23.04 L

7
분수의 곱셈

❶ **8일 동안 늦어진 시간은 몇 분인지 구하기**
(8일 동안 늦어진 시간)
$=2\frac{1}{4}\times8=\frac{9}{\underset{1}{\cancel{4}}}\times\overset{2}{\cancel{8}}=18$(분)

❷ **8일 후 오전 9시에 이 시계가 가리키는 시각은 오전 몇 시 몇 분인지 구하기**
(8일 후 오전 9시에 이 시계가 가리키는 시각)
=오전 9시−18분=오전 8시 42분

답 오전 8시 42분

8
소수의 곱셈

❶ **새로운 꽃밭의 가로는 몇 m인지 구하기**
(새로운 꽃밭의 가로)=(꽃밭의 가로)×1.5
$=4.8\times1.5=7.2$ (m)

❷ **새로운 꽃밭의 세로는 몇 m인지 구하기**
(새로운 꽃밭의 세로)=(꽃밭의 세로)×1.5
$=3.6\times1.5=5.4$ (m)

❸ **새로운 꽃밭의 넓이는 몇 m^2인지 구하기**
(새로운 꽃밭의 넓이)
=(새로운 꽃밭의 가로)×(새로운 꽃밭의 세로)
$=7.2\times5.4=38.88$ (m^2)

답 38.88 m^2

9
분수의 곱셈

❶ **두 사람이 한 시간 동안 이동한 거리의 합은 몇 km인지 구하기**

(두 사람이 한 시간 동안 이동한 거리의 합)

$=5\frac{1}{3}+6\frac{1}{6}=5\frac{2}{6}+6\frac{1}{6}$

$=11\frac{\overset{1}{\cancel{3}}}{\underset{2}{\cancel{6}}}=11\frac{1}{2}$ (km)

❷ **1시간 20분은 몇 시간인지 분수로 나타내기**

1시간은 60분이므로

1시간 20분$=1\frac{\overset{1}{\cancel{20}}}{\underset{3}{\cancel{60}}}$시간$=1\frac{1}{3}$시간입니다.

❸ **1시간 20분 후에 두 사람 사이의 거리는 몇 km인지 구하기**

(1시간 20분 후에 두 사람 사이의 거리)

=(두 사람이 한 시간 동안 이동한 거리의 합)
×(이동한 시간)

$=11\frac{1}{2}\times1\frac{1}{3}=\frac{23}{\underset{1}{\cancel{2}}}\times\frac{\overset{2}{\cancel{4}}}{3}$

$=\frac{46}{3}=15\frac{1}{3}$ (km)

답 $15\frac{1}{3}$ km

그림을 그려 해결하기

익히기 16~17쪽

1 분수의 곱셈

문제 분석 상진이에게 남은 용돈은 얼마입니까?

10000 / $\frac{1}{4}$, $\frac{3}{5}$

풀이 ❶ 10000

❷ $1-\boxed{\frac{1}{4}}=\boxed{\frac{3}{4}}$ /

$\overset{2500}{\cancel{10000}}\times\boxed{\frac{3}{\underset{1}{\cancel{4}}}}=\boxed{7500}$(원)

❸ $1-\boxed{\frac{3}{5}}=\boxed{\frac{2}{5}}$ /

$\overset{1500}{\boxed{\cancel{7500}}}\times\boxed{\frac{2}{\underset{1}{\cancel{5}}}}=\boxed{3000}$(원)

답 3000

2 소수의 곱셈

문제 분석 터널의 길이는 몇 km

1.72 / 4, 30 / 250

풀이 ❶ 기차

❷ $4\frac{\boxed{30}}{60}$분$=4\frac{\boxed{5}}{10}$분$=\boxed{4.5}$분 /

4.5, 7.74 / 0.25 / 7.74, 0.25, 7.49

답 7.49

적용하기 18~21쪽

1 분수의 곱셈

❶

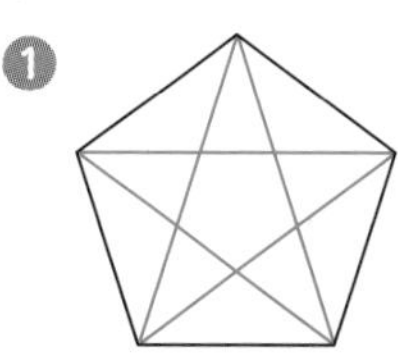

❷ 정오각형에 그릴 수 있는 대각선은 5개이고 길이가 모두 같습니다.

➡ (모든 대각선의 길이의 합)

$=2\frac{5}{6}\times5=\frac{17}{6}\times5=\frac{85}{6}=14\frac{1}{6}$ (cm)

답 $14\frac{1}{6}$ cm

2 소수의 곱셈

❶ 예

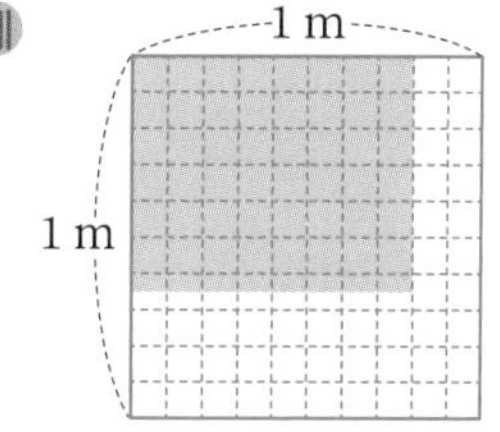

❷ (모눈 한 칸의 넓이)$=0.1\times0.1=0.01$ (m^2)

❶의 그림에서 모판의 넓이는 (모눈 48칸)+(모눈 한 칸을 반으로 나눈 8칸)의 넓이, 즉 모눈 48+4=52(칸)의 넓이와 같으므로

(모판의 넓이)$=0.01\times52=0.52$ (m^2)입니다.

답 0.52 m^2

3 분수의 곱셈

❶

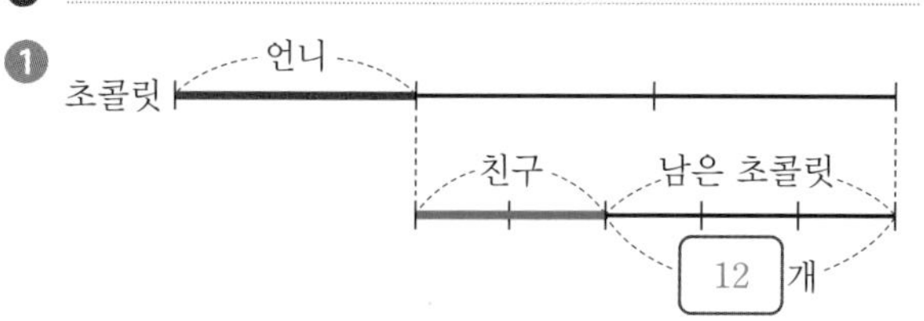

❷ 언니와 친구에게 주고 남은 초콜릿 수는 전체의

$\frac{2}{\cancel{3}_1}\times\frac{\cancel{3}^1}{5}=\frac{2}{5}$입니다.

따라서 (전체 초콜릿 수)$\times\frac{2}{5}=12$이므로

(전체 초콜릿 수)$\times\frac{1}{5}=6$,

(전체 초콜릿 수)$=6\times5=30$(개)입니다.

답 30개

4
소수의 곱셈

❶ (만든 직사각형의 세로)
$=$(처음 직사각형의 세로)-1.8
$=4.52-1.8=2.72$ (cm)

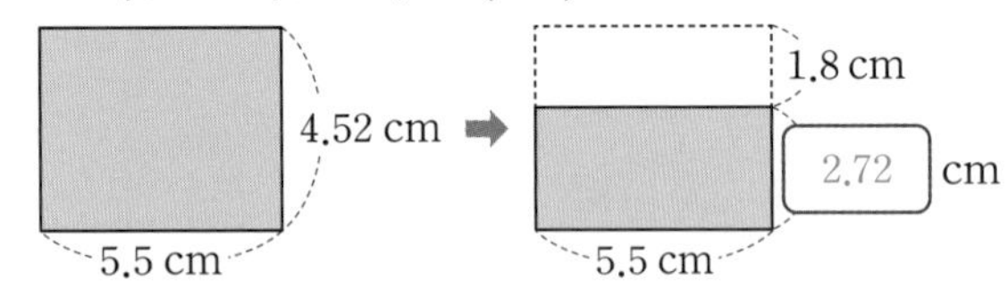

❷ (만든 직사각형의 넓이)
$=$(만든 직사각형의 가로)
$\times$(만든 직사각형의 세로)
$=5.5\times2.72=14.96$ (cm^2)

답 14.96 cm^2

5
분수의 곱셈

❶ (버스가 2분 동안 달린 거리)

$=1\frac{1}{6}\times2=\frac{7}{\cancel{6}_3}\times\cancel{2}^1=\frac{7}{3}=2\frac{1}{3}$ (km)

(자동차가 2분 동안 달린 거리)

$=1\frac{2}{3}\times2=\frac{5}{3}\times2=\frac{10}{3}=3\frac{1}{3}$ (km)

❷
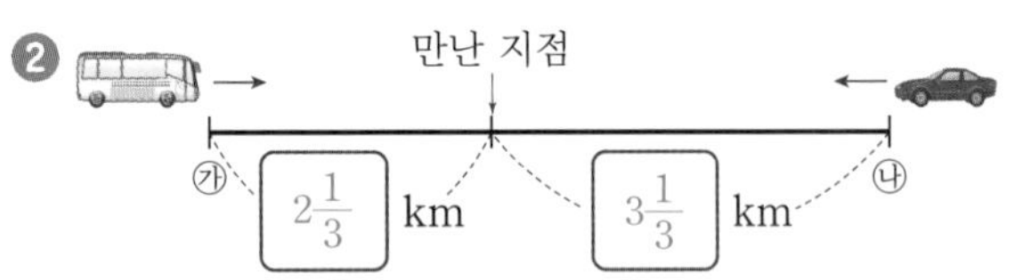

❸ (㉮ 지점과 ㉯ 지점 사이의 거리)

$=2\frac{1}{3}+3\frac{1}{3}=5\frac{2}{3}$ (km)

답 $5\frac{2}{3}$ km

6
소수의 곱셈

❶ 붙일 수 있는 정삼각형을 최대한 붙여서 밖으로 드러나는 변의 수를 가장 적게 하여 그리면 정육각형 모양이 됩니다.

예
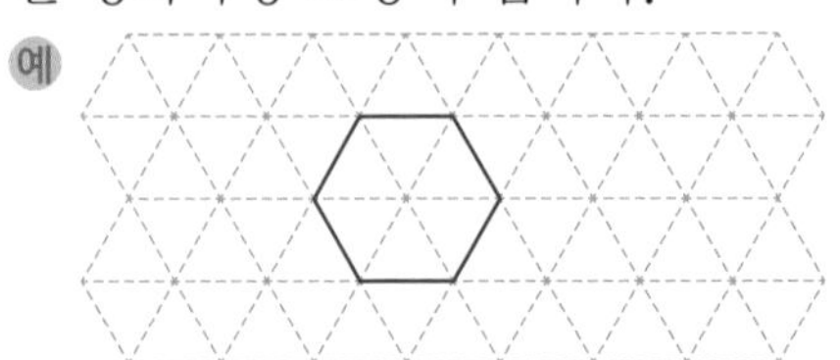

❷ (필요한 빨간색 띠의 길이)
$=2.8\times6=16.8$ (cm)

답 16.8 cm

7
소수의 곱셈

❶ 코끼리 열차가 터널을 완전히 통과한 거리 알아보기

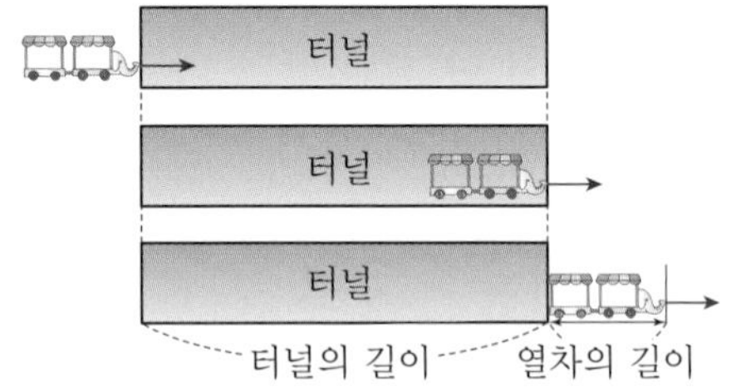

(코끼리 열차가 터널을 완전히 통과한 거리)
$=$(터널의 길이)$+$(코끼리 열차의 길이)

❷ 코끼리 열차의 길이는 몇 m인지 구하기

1분은 60초이므로 5분 24초는 몇 분인지 소수로 나타내면

5분 24초$=5\frac{\cancel{24}^4}{\cancel{60}_{10}}$분$=5\frac{4}{10}$분$=5.4$분

(코끼리 열차가 터널을 완전히 통과한 거리)
$=35\times5.4=189$ (m)
(터널의 길이)$=168$ m
➡ (코끼리 열차의 길이)$=189-168=21$ (m)

답 21 m

8
분수의 곱셈

❶ 포도 맛 사탕의 $\frac{1}{4}$과 딸기 맛 사탕의 $\frac{1}{5}$이 같도록 그림으로 나타내기

예 포도 맛 사탕
딸기 맛 사탕

❷ 딸기 맛 사탕은 몇 개인지 구하기

(딸기 맛 사탕 수)$=$(전체 사탕 수)$\times\frac{5}{9}$

$=\cancel{54}^6\times\frac{5}{\cancel{9}_1}=30$(개)

답 30개

9
분수의 곱셈

❶ **문해 1동의 거주민 수, 대중교통 이용자 수, 버스 이용자 수를 그림으로 나타내기**

예

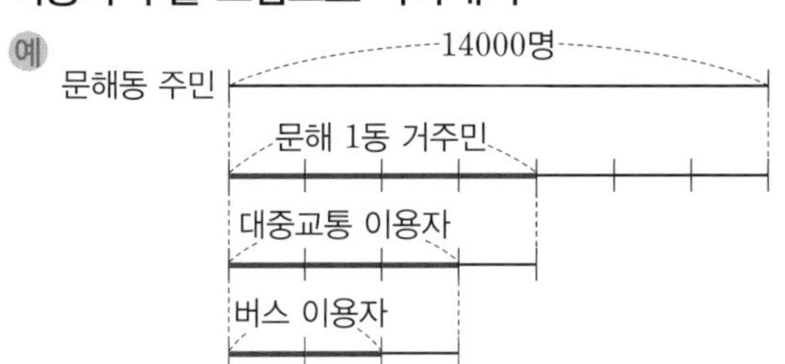

❷ **문해 1동 거주민 중 출근할 때 버스를 이용하는 사람은 몇 명인지 구하기**

(문해 1동 거주민 중 출근할 때 버스를 이용하는 사람 수)

$=(\text{문해동 주민 수})\times\frac{2}{7}$

$=\overset{2000}{\cancel{14000}}\times\frac{2}{\underset{1}{\cancel{7}}}=4000(\text{명})$

답 4000명

규칙을 찾아 해결하기

익히기
22~23쪽

1
분수의 곱셈

문제 분석 넷째 줄에 있는 분수를 모두 곱하면 얼마입니까?

풀이 ❶ 3 / 4 / $\frac{4}{5}, \frac{5}{6}, \frac{6}{7}$ / $1, 1$

❷ $7, \frac{8}{9}, \frac{9}{10}, \frac{10}{11}$ /

$$\boxed{\frac{7}{\underset{1}{\cancel{8}}}}\times\boxed{\frac{\overset{1}{\cancel{8}}}{\underset{1}{\cancel{9}}}}\times\boxed{\frac{\overset{1}{\cancel{9}}}{\underset{1}{\cancel{10}}}}\times\boxed{\frac{\overset{1}{\cancel{10}}}{11}}=\boxed{\frac{7}{11}}$$

답 $\frac{7}{11}$

2
소수의 곱셈

문제 분석 0.4를 100번 곱했을 때 곱의 소수점 아래 끝자리 숫자

0.4

해결 전략 100

풀이 ❶ 0.064 / 0.0256 / 4, 6

❷ 50 /②/ 6

답 6

적용하기
24~27쪽

1
분수의 곱셈

❶ • 분모는 3부터 2씩 커지고, 분자는 1부터 2씩 커지는 규칙입니다.

• 앞의 분수의 분모와 뒤의 분수의 분자가 같습니다.

❷ $\frac{1}{\underset{1}{\cancel{3}}}\times\frac{\overset{1}{\cancel{3}}}{\underset{1}{\cancel{5}}}\times\frac{\overset{1}{\cancel{5}}}{\underset{1}{\cancel{7}}}\times\cdots\cdots\times\frac{\overset{1}{\cancel{17}}}{\underset{1}{\cancel{19}}}\times\frac{\overset{1}{\cancel{19}}}{\underset{1}{\cancel{21}}}\times\frac{\overset{1}{\cancel{21}}}{23}$

$=\frac{1}{23}$

답 $\frac{1}{23}$

2
소수의 곱셈

❶ $2.4\times4=9.6$, $10\times4=40$, $0.68\times4=2.72$

➡ 어떤 수를 넣으면 그 수에 4를 곱한 값이 나오는 규칙입니다.

❷ 35.7을 넣으면 $35.7\times4=142.8$이 나오게 됩니다.

답 142.8

3
소수의 곱셈

❶ 0.3을 1번, 2번, 3번, 4번…… 곱할 때마다 곱의 소수점 아래 끝자리 숫자는 3, 9, 7, 1이 반복됩니다.

❷ 0.3을 50번 곱하면 소수 50자리 수가 되므로 소수 50째 자리 숫자는 소수점 아래 끝자리 숫자입니다.

$50\div4=12\cdots2$이므로 0.3을 50번 곱했을 때 곱의 소수점 아래 끝자리 숫자는 0.3을 2번 곱했을 때 곱의 소수점 아래 끝자리 숫자와 같습니다.

따라서 0.3을 50번 곱했을 때 곱의 소수 50째 자리 숫자는 9입니다.

답 9

4

분수의 곱셈

❶ $\frac{1}{4}$

❷ (첫째 정삼각형의 넓이)$=36\,cm^2$

(둘째 정삼각형의 넓이)$=\overset{9}{\cancel{36}}\times\frac{1}{\underset{1}{\cancel{4}}}=9\,(cm^2)$

(셋째 정삼각형의 넓이)

$=9\times\frac{1}{4}=\frac{9}{4}=2\frac{1}{4}\,(cm^2)$

답 $2\frac{1}{4}\,cm^2$

5

소수의 곱셈

❶ 2◈1=0.2, 30◈2=0.3, 180◈4=0.018

➡ ◈의 규칙은 ■◈▲에서 ■의 소수점을 왼쪽으로 ▲자리만큼 옮기는 것입니다.

❷ 25◈3=0.025이므로 기약분수로 나타내면

$0.025=\frac{\overset{1}{\cancel{25}}}{\underset{40}{\cancel{1000}}}=\frac{1}{40}$입니다.

답 $\frac{1}{40}$

6

분수의 곱셈

❶ $\frac{2}{3}$, $\frac{4}{9}=\frac{2}{3}\times\frac{2}{3}$, $\frac{8}{27}=\frac{4}{9}\times\frac{2}{3}$,

$\frac{16}{81}=\frac{8}{27}\times\frac{2}{3}$

➡ 다음날 사용한 묽은 염산 용액의 양은 당일 사용한 묽은 염산 용액의 양에 $\frac{2}{3}$를 곱하는 규칙입니다.

❷ (금요일에 사용한 묽은 염산 용액의 양)

$=\frac{16}{81}\times\frac{2}{3}=\frac{32}{243}$ (L)

답 $\frac{32}{243}$ L

7

소수의 곱셈

❶ **수를 늘어놓은 규칙 찾기**

$0.001=0.1\times0.1\times0.1$,

$0.008=0.2\times0.2\times0.2$,

$0.027=0.3\times0.3\times0.3$,

$0.064=0.4\times0.4\times0.4$……

➡ ■째에 ■의 0.1배인 수를 3번 곱한 수가 놓이는 규칙입니다.

❷ **15째에 놓일 수 구하기**

15의 0.1배인 수는 1.5이므로 15째에 놓일 수는 1.5를 3번 곱한 수인 $1.5\times1.5\times1.5=3.375$입니다.

답 3.375

8

분수의 곱셈

❶ **분모와 분자의 규칙 찾기**

분모는 4부터 3씩 커지고, 분자는 1부터 3씩 커지는 규칙입니다.

❷ **50째 분수 구하기**

50째 분수의 분모는 $4+3\times49=151$이고, 분자는 $1+3\times49=148$입니다.

따라서 50째 분수는 $\frac{148}{151}$입니다.

❸ **첫째 분수부터 50째 분수까지 모두 곱하면 얼마인지 구하기**

$\frac{1}{\underset{1}{\cancel{4}}}\times\frac{\overset{1}{\cancel{4}}}{\underset{1}{\cancel{7}}}\times\frac{\overset{1}{\cancel{7}}}{\underset{1}{\cancel{10}}}\times\cdots\cdots\times\frac{\overset{1}{\cancel{145}}}{\underset{1}{\cancel{148}}}\times\frac{\overset{1}{\cancel{148}}}{151}$

$=\frac{1}{151}$

답 $\frac{1}{151}$

9

분수의 곱셈

❶ **정사각형을 한 개씩 더 그릴 때마다 정사각형의 넓이는 몇 분의 몇으로 줄어드는지 규칙 찾기**

정사각형에서 각 변의 한가운데 점을 이어 그린 사각형의 넓이는 처음 정사각형 넓이의 $\frac{1}{2}$입니다.

❷ **색칠한 정사각형의 넓이는 몇 cm^2인지 구하기**

(첫째로 그린 정사각형의 넓이)

$=1\frac{1}{3}\times1\frac{1}{3}=\frac{4}{3}\times\frac{4}{3}=\frac{16}{9}\,(cm^2)$

(둘째로 그린 정사각형의 넓이)

$=\frac{\overset{8}{\cancel{16}}}{9}\times\frac{1}{\underset{1}{\cancel{2}}}=\frac{8}{9}\,(cm^2)$

(셋째로 그린 정사각형의 넓이)

$=\frac{\overset{4}{\cancel{8}}}{9}\times\frac{1}{\underset{1}{\cancel{2}}}=\frac{4}{9}\,(cm^2)$

(넷째로 그린 정사각형의 넓이)

$=\frac{\overset{2}{\cancel{4}}}{9}\times\frac{1}{\underset{1}{\cancel{2}}}=\frac{2}{9}\ (\mathrm{cm}^2)$

따라서 색칠한 정사각형의 넓이는 $\frac{2}{9}\ \mathrm{cm}^2$입니다.

답 $\frac{2}{9}\ \mathrm{cm}^2$

조건을 따져 해결하기

익히기 28~29쪽

1 소수의 곱셈

문제 분석 평행사변형 나의 넓이는 직사각형 가의 넓이의 몇 배

320, 160

풀이 ❶ 0.01 / 100
❷ 10000 / 10000

답 10000

2 분수의 곱셈

문제 분석 ㉠과 ㉡의 차는 몇 m

$\frac{3}{4}$ / 12

풀이 ❶ • ㉠=(떨어뜨린 높이)$\times\boxed{\frac{3}{4}}$

$=\boxed{\overset{3}{\cancel{12}}}\times\boxed{\frac{3}{\underset{1}{\cancel{4}}}}=\boxed{9}\ (\mathrm{m})$

• ㉡=㉠$\times\boxed{\frac{3}{4}}=\boxed{9}\times\boxed{\frac{3}{4}}$

$=\frac{\boxed{27}}{4}=\boxed{6\frac{3}{4}}\ (\mathrm{m})$

❷ 9, $6\frac{3}{4}$, $2\frac{1}{4}$

답 $2\frac{1}{4}$

참고 ❷ $9-6\frac{3}{4}=8\frac{4}{4}-6\frac{3}{4}=2\frac{1}{4}\ (\mathrm{m})$

적용하기 30~33쪽

1 분수의 곱셈

❶ $6\frac{1}{4}\times1\frac{2}{5}=\frac{\overset{5}{\cancel{25}}}{4}\times\frac{7}{\underset{1}{\cancel{5}}}=\frac{35}{4}=8\frac{3}{4}$

❷ $8\frac{3}{4}>\square\frac{1}{4}$이므로 □ 안에 들어갈 수 있는 자연수는 1, 2, 3, 4, 5, 6, 7, 8입니다.

답 1, 2, 3, 4, 5, 6, 7, 8

2 소수의 곱셈

❶ $6.3=0.1\times63$, $5.8=0.1\times58$이므로
㉠ $6.3\times5.8=\boxed{0.01}\times63\times58$입니다.
$0.63=0.01\times63$, $0.58=0.01\times58$이므로
㉡ $0.63\times0.58=\boxed{0.0001}\times63\times58$입니다.

❷ 0.01은 0.0001의 100배이므로
㉠은 ㉡의 100배입니다.

답 100배

3 분수의 곱셈

❶ (어떤 수)$+1\frac{1}{3}=1\frac{11}{15}$이므로

(어떤 수)$=1\frac{11}{15}-1\frac{1}{3}=1\frac{11}{15}-1\frac{5}{15}$

$=\frac{\overset{2}{\cancel{6}}}{\underset{5}{\cancel{15}}}=\frac{2}{5}$입니다.

❷ 어떤 수는 $\frac{2}{5}$이므로 바르게 계산하면

$\frac{2}{5}\times1\frac{1}{3}=\frac{2}{5}\times\frac{4}{3}=\frac{8}{15}$입니다.

답 $\frac{8}{15}$

4 소수의 곱셈

❶ $4.68\times6=28.08$이므로
$20<$㉠<28.08입니다.
➡ ㉠에 들어갈 수 있는 자연수:
21, 22, 23, 24, 25, 26, 27, 28

❷ $8\times3.05=24.4$이므로
$24.4<$㉡<30입니다.
➡ ㉡에 들어갈 수 있는 자연수:
25, 26, 27, 28, 29

❸ ㉠과 ㉡에 공통으로 들어갈 수 있는 자연수는 25, 26, 27, 28로 모두 4개입니다.

답 4개

5 소수의 곱셈

❶ (첫 번째로 튀어 오르는 높이)
=(떨어뜨린 높이)×0.7
=20×0.7=14 (m)

❷ (공이 두 번째로 땅에 닿을 때까지 움직인 전체 거리)
=(떨어뜨린 높이)
+(첫 번째로 튀어 오르는 높이)×2
=20+14×2=48 (m)

답 48 m

주의 첫 번째로 공이 튀어 오른 높이와 이때 공이 떨어진 높이를 모두 더해야 합니다.

6 분수의 곱셈

❶ • 분모끼리의 곱이 가장 커야 하므로 가장 큰 수부터 3장을 고릅니다. ➡ 8, 6, 5
• 분자끼리의 곱이 가장 작아야 하므로 가장 작은 수부터 3장을 고릅니다. ➡ 1, 2, 4

❷ 분모에 8, 6, 5를 놓고 분자에 1, 2, 4를 놓은 후 곱하면 가장 작은 곱이 됩니다.

$$➡ \frac{1}{\cancel{8}_{\cancel{4}_{1}}} \times \frac{\cancel{2}^{1}}{6} \times \frac{\cancel{4}^{1}}{5} = \frac{1}{30}$$

답 $\frac{1}{30}$

7 분수의 곱셈

❶ 식 $6\frac{2}{3} \times \frac{\square}{5}$의 계산 결과가 자연수가 되는 조건 알아보기

$6\frac{2}{3} \times \frac{\square}{5} = \frac{\cancel{20}^{4}}{3} \times \frac{\square}{\cancel{5}_{1}} = \frac{4 \times \square}{3}$이므로 계산 결과가 자연수가 되려면 $4 \times \square$는 3의 배수이어야 합니다.

❷ □ 안에 알맞은 수 구하기
□=3, 6, 9……이고 □ 안에 5보다 작은 자연수가 들어가야 하므로 □=3입니다.

답 3

8 소수의 곱셈

❶ **통나무 10 cm와 통나무 10 m의 무게 사이의 관계 알아보기**
10 m=1000 cm이고, 1000 cm는 10 cm의 100배입니다.
통나무의 두께가 일정하므로 길이가 100배가 되면 무게도 100배가 됩니다.

❷ **통나무 10 m의 무게는 몇 kg인지 구하기**
(통나무 10 m의 무게)
=8.45×100=845 (kg)

답 845 kg

9 소수의 곱셈

❶ **자연수 부분에 넣어야 할 수 구하기**
곱하는 두 소수의 자연수 부분이 클수록 곱이 커지므로 가장 큰 수 9와 두 번째로 큰 수 7을 자연수 부분에 넣어야 합니다.

❷ **곱이 가장 크게 되도록 만든 식의 값 구하기**
7.2×9.4=67.68, 9.2×7.4=68.08
68.08>67.68이므로 곱이 가장 크게 되도록 만든 식의 값은 68.08입니다.

답 68.08

단순화하여 해결하기

익히기 34~35쪽

1 분수의 곱셈

문제 분석 같은 빠르기로 쉬지 않고 나무 막대를 모두 자르는 데 걸리는 시간은 몇 분
21 / $1\frac{1}{5}$

풀이 ❶ 1 / 1, 2 / 1, 20
❷ $\boxed{1\frac{1}{5}} \times \boxed{20} = \frac{\boxed{6}}{\cancel{5}_{1}} \times \cancel{\boxed{20}}^{4} = \boxed{24}$(분)

답 24

2 소수의 곱셈

문제 분석 이어 붙인 색 테이프의 전체 길이는 몇 m
10 / 0.12

풀이 ❶ 1, 1 / 1, 2 / 1, 9
❷ 10, 8.7 / 9, 1.08 / 8.7, 1.08, 7.62

답 7.62

적용하기 36~39쪽

1 분수의 곱셈

❶ 예

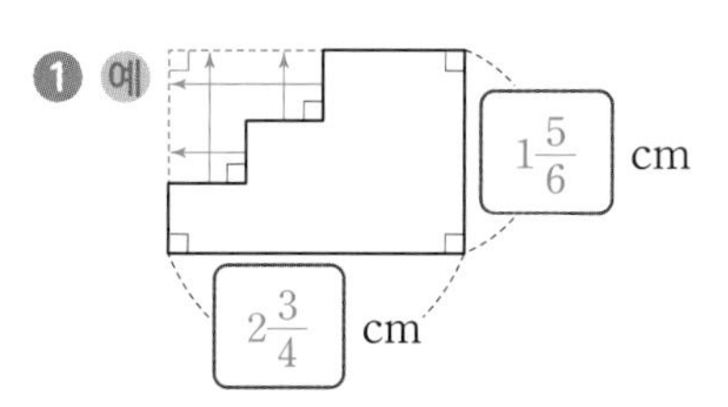

$2\frac{3}{4}$ / $1\frac{5}{6}$

❷ (도형의 둘레)

$=\left(2\frac{3}{4}+1\frac{5}{6}\right)\times 2=\left(2\frac{9}{12}+1\frac{10}{12}\right)\times 2$

$=3\frac{19}{12}\times 2=\frac{55}{\cancel{12}_{6}}\times \cancel{2}^{1}$

$=\frac{55}{6}=9\frac{1}{6}$ (cm)

답 $9\frac{1}{6}$ cm

2 소수의 곱셈

❶ 1, 1 / 1, 2

❷ 나무를 8그루 심을 때 나무와 나무 사이의 간격은 $8-1=7$(군데)입니다.

❸ (도로의 길이)
=(나무 사이의 간격)
×(나무와 나무 사이의 간격 수)
$=2.8\times 7=19.6$ (m)

답 19.6 m

3 소수의 곱셈

❶ 1 / 2

❷ 색 테이프 7장을 원 모양으로 이어 붙일 때 겹치는 부분은 7군데입니다.

❸ (색 테이프 7장의 길이의 합)
$=6.3\times 7=44.1$ (cm)
(겹치는 부분의 길이의 합)
$=0.3\times 7=2.1$ (cm)
➡ (색 테이프 7장을 원 모양으로 이어 붙인 색 테이프의 길이)
=(색 테이프 7장의 길이의 합)
−(겹치는 부분의 길이의 합)
$=44.1-2.1=42$ (cm)

답 42 cm

4 소수의 곱셈

❶

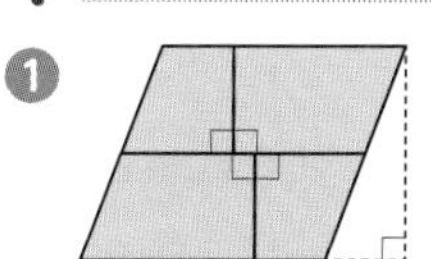

4.2, 8.5 / 2.04, 7.26

❷ (색칠한 부분의 넓이)
=(만든 평행사변형의 넓이)
=(밑변의 길이)×(높이)
$=8.5\times 7.26=61.71$ (m^2)

답 61.71 m^2

5 분수의 곱셈

❶ 1, 1 / 1, 2

❷ 색 테이프 30장을 이어 붙일 때 겹쳐진 부분은 $30-1=29$(군데)입니다.

❸ (색 테이프 30장의 길이의 합)

$=8\frac{2}{3}\times 30=\frac{26}{\cancel{3}_{1}}\times \cancel{30}^{10}=260$ (cm)

(겹쳐진 부분의 길이의 합)

$=\frac{8}{9}\times 29=\frac{232}{9}=25\frac{7}{9}$ (cm)

➡ (색 테이프 30장을 이어 붙인 전체 길이)
=(색 테이프 30장의 길이의 합)
−(겹쳐진 부분의 길이의 합)

$=260-25\frac{7}{9}=259\frac{9}{9}-25\frac{7}{9}$

$=234\frac{2}{9}$ (cm)

답 $234\frac{2}{9}$ cm

6 소수의 곱셈

❶ 2, 2 / 2, 4

❷ 첫 번째 나무와 9번째 나무가 마주 볼 때 나무와 나무 사이의 간격은 $(9-1)\times 2=16$(군데)입니다.

③ (호수의 둘레)
$=$(나무 사이의 간격)
$\times$(나무와 나무 사이의 간격 수)
$=0.3 \times 16 = 4.8$ (km)

답 4.8 km

7

분수의 곱셈

① **도로의 한쪽에 설치한 가로등과 가로등 사이의 간격은 몇 군데인지 구하기**
도로의 양쪽에 가로등 32개를 설치하려면 도로의 한쪽에는 $32 \div 2 = 16$(개)를 설치해야 합니다.
도로의 한쪽에 가로등을 2개 설치하면 가로등과 가로등 사이의 간격은 $2-1=1$(군데), 도로의 한쪽에 가로등을 3개 설치하면 가로등과 가로등 사이의 간격은 $3-1=2$(군데) 생깁니다.
➡ 도로의 한쪽에 가로등을 16개 설치하면 가로등과 가로등 사이의 간격은 $16-1=15$(군데) 생깁니다.

② **도로의 길이는 몇 km인지 구하기**
(도로의 길이)
$=$(가로등 사이의 간격)
$\times$(도로의 한쪽에 설치한 가로등과 가로등 사이의 간격 수)
$= \frac{3}{\cancel{5}_1} \times \cancel{15}^3 = 9$ (km)

답 9 km

8

소수의 곱셈

① **색 테이프 12장을 이어 붙일 때 겹치는 부분은 몇 군데인지 구하기**
색 테이프 2장을 이어 붙일 때 겹치는 부분은 $2-1=1$(군데),
색 테이프 3장을 이어 붙일 때 겹치는 부분은 $3-1=2$(군데)입니다.
➡ 색 테이프 12장을 이어 붙일 때 겹치는 부분은 $12-1=11$(군데)입니다.

② **색 테이프 전체 길이가 152 cm일 때 겹치는 부분의 길이는 몇 cm인지 구하기**
색 테이프를 □cm씩 겹치게 이어 붙였다고 하면 $14.5 \times 12 - \square \times 11 = 152$,
$174 - \square \times 11 = 152$, $\square \times 11 = 22$, $\square = 2$입니다.
따라서 색 테이프는 2 cm씩 겹치게 붙였습니다.

답 2 cm

9

소수의 곱셈

① **끈 2개, 3개를 연결했을 때 매듭진 곳의 수 알아보기**
• 2개를 연결했을 때

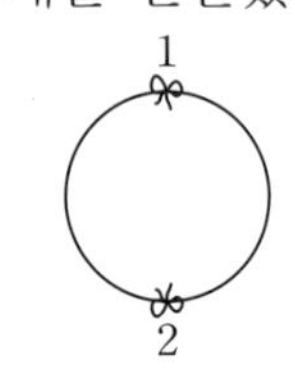

매듭진 곳: 2군데

• 3개를 연결했을 때

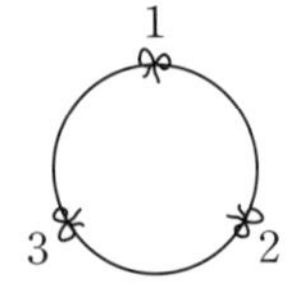

매듭진 곳: 3군데

② **끈 20개를 연결했을 때 매듭진 곳은 몇 군데인지 구하기**
끈 20개를 연결했을 때 매듭진 곳은 20군데입니다.

③ **유진이가 만든 머리띠의 전체 길이는 몇 cm인지 구하기**
(연결한 끈의 길이의 합)$=3.4 \times 20 = 68$ (cm)
(매듭으로 사용한 부분의 길이의 합)
$=0.8 \times 20 = 16$ (cm)
➡ (유진이가 만든 머리띠의 전체 길이)
$=$(연결한 끈의 길이의 합)
$-$(매듭으로 사용한 부분의 길이의 합)
$=68-16=52$ (cm)

답 52 cm

수·연산 마무리하기 1회 40~43쪽

1 75쪽 **2** 9 **3** $22\frac{1}{20}$
4 84.05 **5** 4개 **6** $176\frac{4}{5}$ m
7 24.32 m **8** 152명 **9** 240 m^2
10 54.116

1 식을 만들어 해결하기

하영이가 오늘 읽은 양은 전체의

$\left(1-\frac{1}{4}\right)\times\frac{5}{9}=\frac{\overset{1}{\cancel{3}}}{4}\times\frac{5}{\underset{3}{\cancel{9}}}=\frac{5}{12}$입니다.

➡ (오늘 읽은 양)$=\overset{15}{\cancel{180}}\times\frac{5}{\underset{1}{\cancel{12}}}=75$(쪽)

2 규칙을 찾아 해결하기

0.7을 70번 곱하면 소수 70자리 수가 되므로 소수 70째 자리 숫자는 소수점 아래 끝자리 숫자입니다.
0.7을 한 번씩 곱할 때마다 곱의 소수점 아래 끝자리 숫자는 7, 9, 3, 1이 반복됩니다.
따라서 $70\div4=17\cdots2$이므로 0.7을 70번 곱했을 때 곱의 소수 70째 자리 숫자는 0.7을 2번 곱했을 때 곱의 소수점 아래 끝자리 숫자와 같은 9입니다.

3 조건을 따져 해결하기

수 카드의 수의 크기를 비교하면 $8>5>2$이므로 만들 수 있는 가장 큰 대분수는 $8\frac{2}{5}$, 가장 작은 대분수는 $2\frac{5}{8}$입니다.

➡ (가장 큰 대분수)×(가장 작은 대분수)

$=8\frac{2}{5}\times2\frac{5}{8}=\frac{\overset{21}{\cancel{42}}}{5}\times\frac{21}{\underset{4}{\cancel{8}}}$

$=\frac{441}{20}=22\frac{1}{20}$

4 조건을 따져 해결하기

(어떤 수)$\div4.1=5$이므로
(어떤 수)$=5\times4.1=20.5$입니다.
따라서 바르게 계산하면 $20.5\times4.1=84.05$입니다.

5 조건을 따져 해결하기

주어진 식을 간단히 나타내면

$\frac{5}{\square}\times6=\frac{5\times6}{\square}=\frac{30}{\square}$입니다.

$\frac{30}{\square}$이 자연수이므로 □ 안에 들어갈 수 있는 수는 30의 약수입니다.

➡ 1, 2, 3, 5, 6, 10, 15, 30

$\frac{5}{\square}$는 진분수이므로 □는 5보다 커야 합니다.
따라서 □ 안에 들어갈 수 있는 자연수는 6, 10, 15, 30으로 모두 4개입니다.

6 조건을 따져 해결하기

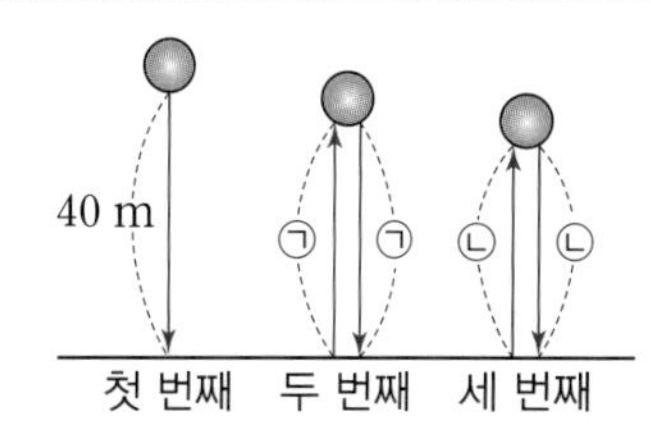

㉠=(떨어뜨린 높이)$\times\frac{9}{10}$

$=\overset{4}{\cancel{40}}\times\frac{9}{\underset{1}{\cancel{10}}}=36$ (m)

㉡=㉠$\times\frac{9}{10}=\overset{18}{\cancel{36}}\times\frac{9}{\underset{5}{\cancel{10}}}$

$=\frac{162}{5}=32\frac{2}{5}$ (m)

➡ (공이 세 번째로 땅에 닿을 때까지 움직인 거리)

$=40+$㉠$\times2+$㉡$\times2$

$=40+36\times2+32\frac{2}{5}\times2=176\frac{4}{5}$ (m)

7 식을 만들어 해결하기

(1분 동안 두 사람이 걸은 거리의 차)
$=32.2-28.4=3.8$ (m)

6분 24초$=6\frac{\overset{4}{\cancel{24}}}{\underset{10}{\cancel{60}}}$분$=6\frac{4}{10}$분$=6.4$분

➡ (6.4분 후에 두 사람 사이의 거리)
=(1분 동안 두 사람이 걸은 거리의 차)
×(걸은 시간)
$=3.8\times6.4=24.32$ (m)

다른 풀이

(민아가 6.4분 동안 걸은 거리)
$=32.2\times6.4=206.08$ (m)
(예지가 6.4분 동안 걸은 거리)
$=28.4\times6.4=181.76$ (m)
➡ (두 사람 사이의 거리)
=(민아가 6.4분 동안 걸은 거리)
−(예지가 6.4분 동안 걸은 거리)
$=206.08-181.76=24.32$ (m)

8 그림을 그려 해결하기

5학년 학생 수를 그림으로 나타내면 다음과 같습니다.

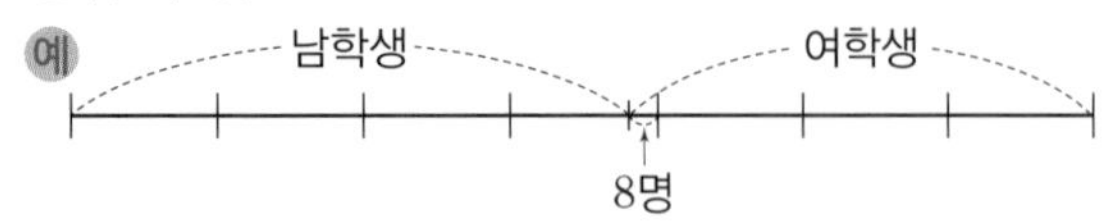

5학년 전체 학생 수를 □명이라 하면

(5학년 여학생 수)$=\square\times\frac{3}{7}+8=128$이므로

$\square\times\frac{3}{7}=120$, $\square\times\frac{1}{7}=40$,

$\square=40\times7=280$입니다.

➡ (5학년 남학생 수)

=(전체 학생 수)−(5학년 여학생 수)

$=280-128=152$(명)

9 단순화하여 해결하기

색칠한 부분을 겹치지 않게 이어 붙이면 가로가 전체 가로의 $1-\frac{1}{4}=\frac{3}{4}$이고 세로가 전체 세로의 $1-\frac{1}{3}=\frac{2}{3}$인 직사각형이 됩니다.

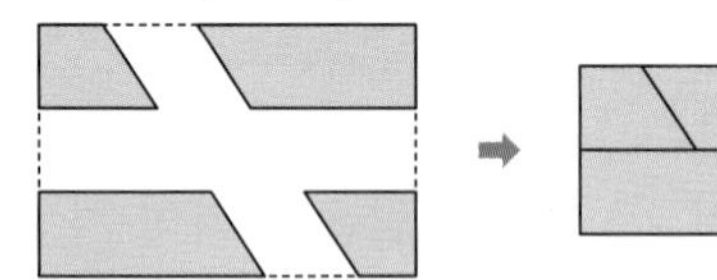

➡ (색칠한 부분의 넓이)

$=\overset{120}{\cancel{480}}\times\frac{\overset{1}{\cancel{3}}}{\underset{1}{\cancel{4}}}\times\frac{2}{\underset{1}{\cancel{3}}}=240\ (\text{m}^2)$

10 조건을 따져 해결하기

수 카드의 수의 크기를 비교하면

$8>6>5>3>2$이므로 8과 6을 자연수 부분에 넣고 5와 3을 소수 첫째 자리에 넣어 곱셈식을 만듭니다.

$8.52\times6.3=53.676$, $8.32\times6.5=54.08$

$6.52\times8.3=54.116$, $6.32\times8.5=53.72$

따라서 곱이 가장 크게 되도록 만든 식의 값은 54.116입니다.

수·연산 마무리하기 2회 44~47쪽

1 0.27	**2** $2\frac{5}{6}$	**3** $\frac{11}{15}$
4 24명	**5** 1260개	**6** 400명
7 $\frac{15}{16}$	**8** 320.7 km	**9** $\frac{1}{13}$ m²
10 16.5분		

1 조건을 따져 해결하기

두 식을 자연수와 소수의 곱으로 나타내어 자릿수를 비교해 봅니다.

$314\times0.098\times2.7=3.14\times98\times\square$

$314\times98\times0.001\times27\times0.1$

$=314\times0.01\times98\times\square$

$314\times98\times\underline{27\times0.0001}$

$=314\times98\times\underline{0.01\times\square}$

$27\times0.0001=0.01\times\square$

$\square=27\times0.01=0.27$

다른 풀이 $314\times0.098\times2.7=★$

($\frac{1}{100}$배, 1000배, $\frac{1}{10}$배)

$3.14\times98\times\boxed{0.27}=★$

2 조건을 따져 해결하기

$2\frac{1}{6}$과 □ 사이의 거리는 $2\frac{1}{6}$과 $4\frac{5}{6}$ 사이의 거리의 $\frac{1}{4}$입니다.

$\left(4\frac{5}{6}-2\frac{1}{6}\right)\times\frac{1}{4}=2\frac{4}{6}\times\frac{1}{4}$

$=\frac{\overset{2}{\cancel{\overset{4}{\cancel{16}}}}}{\underset{3}{\cancel{6}}}\times\frac{1}{\underset{1}{\cancel{4}}}=\frac{2}{3}$

□ 안에 알맞은 수는 $2\frac{1}{6}$보다 $\frac{2}{3}$ 큰 수이므로

$\square=2\frac{1}{6}+\frac{2}{3}=2\frac{1}{6}+\frac{4}{6}=2\frac{5}{6}$입니다.

3 식을 만들어 해결하기

㉠ 기계가 2시간 동안 한 일은 전체의 $\frac{1}{5}\times2=\frac{2}{5}$, ㉡ 기계가 2시간 동안 한 일은 전체의 $\frac{1}{\underset{3}{\cancel{6}}}\times\overset{1}{\cancel{2}}=\frac{1}{3}$입니다.

따라서 같은 빠르기로 2시간 동안 ㉠과 ㉡ 기계가 같이 한 일은 전체의
$\frac{2}{5}+\frac{1}{3}=\frac{6}{15}+\frac{5}{15}=\frac{11}{15}$ 입니다.

4 식을 만들어 해결하기

(첫 번째 문제에서 탈락하지 않은 사람 수)
$=56\times\left(1-\frac{1}{4}\right)$
$=\overset{14}{\cancel{56}}\times\frac{3}{\underset{1}{\cancel{4}}}=42$(명)
(두 번째 문제에서 탈락하지 않은 사람 수)
$=42\times\left(1-\frac{3}{7}\right)$
$=\overset{6}{\cancel{42}}\times\frac{4}{\underset{1}{\cancel{7}}}=24$(명)
따라서 세 번째 문제를 풀 수 있는 사람은 24명입니다.

5 식을 만들어 해결하기

(올해의 목표 판매량)
$=3600\times1.25=4500$(개)
(올해 첫날부터 오늘까지의 판매량)
$=3600\times0.9=3240$(개)
따라서 장난감을 $4500-3240=1260$(개) 더 팔아야 올해의 목표 판매량을 채울 수 있습니다.

6 그림을 그려 해결하기

오전에 온 사람 수의 $\frac{1}{4}$과 오후에 온 사람 수의 $\frac{2}{5}$가 같으므로 그림으로 나타내면 다음과 같습니다.

예 오전
오후

오전에 온 사람 수는 하루 동안 온 사람 수의 $\frac{8}{8+5}=\frac{8}{13}$과 같습니다.
➡ (오전에 온 사람 수)
$=\overset{50}{\cancel{650}}\times\frac{8}{\underset{1}{\cancel{13}}}=400$(명)

7 그림을 그려 해결하기

처음 정사각형과 만든 직사각형을 그림으로 나타내면 다음과 같습니다.

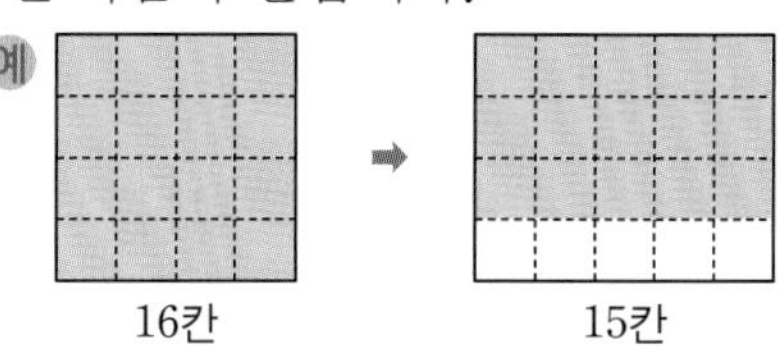

따라서 만든 직사각형의 넓이는 처음 정사각형 넓이의 $\frac{15}{16}$ 입니다.

다른 전략 식을 만들어 해결하기

정사각형의 한 변의 길이를 □cm라고 하면 정사각형의 넓이는 (□×□) cm^2입니다.
새로 만든 직사각형의 가로가 $\left(\square\times1\frac{1}{4}\right)$cm, 세로가 $\left(\square\times\frac{3}{4}\right)$cm이므로 직사각형의 넓이는
$\left(\square\times1\frac{1}{4}\right)\times\left(\square\times\frac{3}{4}\right)$
$=\square\times\square\times\frac{5}{4}\times\frac{3}{4}$
$=\square\times\square\times\frac{15}{16}$ (cm^2)
입니다.
따라서 만든 직사각형의 넓이는 처음 정사각형 넓이의 $\frac{15}{16}$ 입니다.

8 식을 만들어 해결하기

1시간 45분$=1\frac{\overset{3}{\cancel{45}}}{\underset{4}{\cancel{60}}}$시간$=1\frac{3}{4}$시간
$=1\frac{75}{100}$시간$=1.75$시간
(민규네 집에서 휴게소까지의 거리)
$=85.2\times1.75=149.1$ (km)
2시간 12분$=$120분$+$12분
$=$132분
(휴게소에서 할아버지 댁까지의 거리)
$=1.3\times132=171.6$ (km)
➡ (민규네 집에서 휴게소를 거쳐 할아버지 댁까지 간 거리)
=(민규네 집에서 휴게소까지의 거리)
+(휴게소에서 할아버지 댁까지의 거리)
$=149.1+171.6=320.7$ (km)

9 규칙을 찾아 해결하기

직사각형에서 각 변의 한가운데 점을 이어 그린 사각형의 넓이는 처음 직사각형 넓이의 $\frac{1}{2}$입니다.

(첫째로 그린 직사각형의 넓이)

$=\frac{\overset{2}{\cancel{10}}}{13}\times\frac{4}{\underset{1}{\cancel{5}}}=\frac{8}{13}\ (\mathrm{m}^2)$

(둘째로 그린 사각형의 넓이)

$=\frac{\overset{4}{\cancel{8}}}{13}\times\frac{1}{\underset{1}{\cancel{2}}}=\frac{4}{13}\ (\mathrm{m}^2)$

(셋째로 그린 사각형의 넓이)

$=\frac{\overset{2}{\cancel{4}}}{13}\times\frac{1}{\underset{1}{\cancel{2}}}=\frac{2}{13}\ (\mathrm{m}^2)$

(넷째로 그린 사각형의 넓이)

$=\frac{\overset{1}{\cancel{2}}}{13}\times\frac{1}{\underset{1}{\cancel{2}}}=\frac{1}{13}\ (\mathrm{m}^2)$

따라서 색칠한 사각형의 넓이는 $\frac{1}{13}\ \mathrm{m}^2$입니다.

10 단순화하여 해결하기

통나무를 2도막, 3도막, 4도막으로 자를 때를 알아보면 다음과 같습니다.

• 2도막으로 자를 때

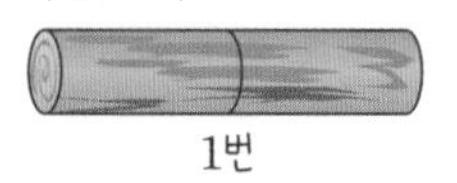

$2-1=1$(번) 자르고, $1-1=0$(번) 쉽니다.

• 3도막으로 자를 때

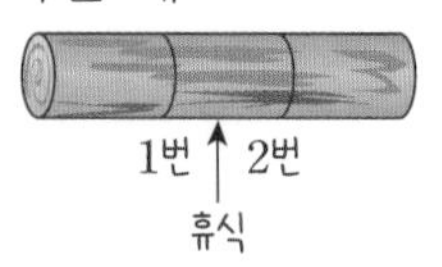

$3-1=2$(번) 자르고, $2-1=1$(번) 쉽니다.

• 4도막으로 자를 때

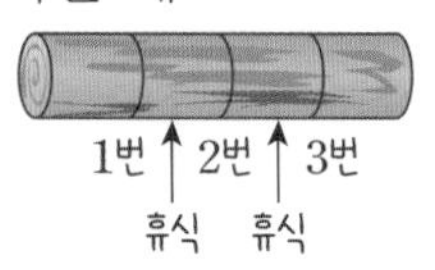

$4-1=3$(번) 자르고, $3-1=2$(번) 쉽니다.

통나무를 11도막으로 자를 때 $11-1=10$(번) 자르고, $10-1=9$(번) 쉽니다.

(10번 자르는 데 걸리는 시간)

$=1.2\times10=12$(분)

(9번 쉬는 데 걸리는 시간)

$=0.5\times9=4.5$(분)

➡ (통나무를 모두 자르는 데 걸리는 시간)

=(10번 자르는 데 걸리는 시간)

+(9번 쉬는 데 걸리는 시간)

$=12+4.5=16.5$(분)

2장 도형·측정

도형·측정 시작하기 50~51쪽

1 태훈, 호석
2 700, 600, 700 / 2800, 2700, 2700
3 4개 **4** 8 cm, 35°
5 ㉡, ㉢
6

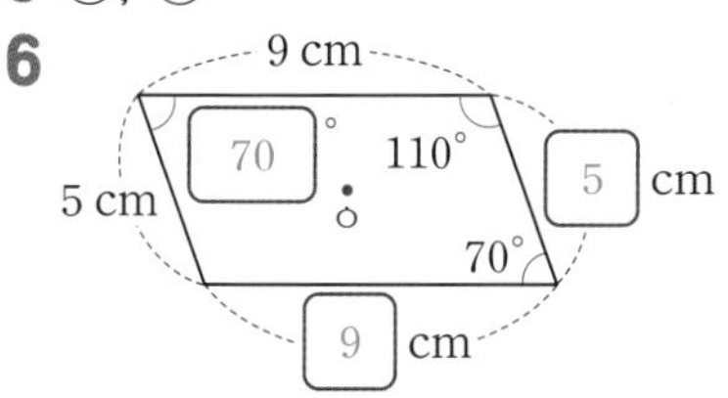

7 100 cm
8

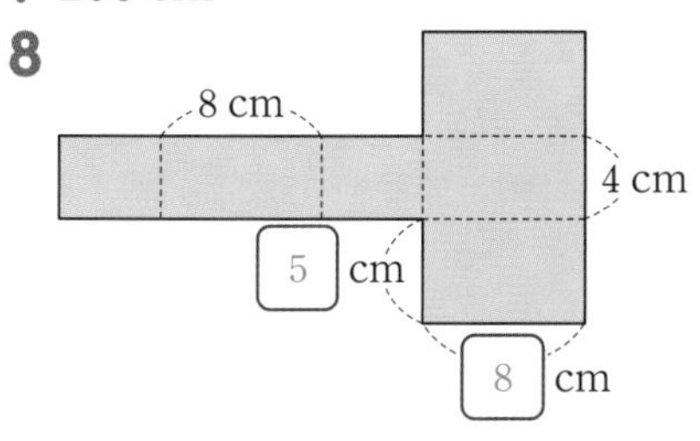

1 태훈 15 16 17 18 19
경미 15 16 17 18 19
호석 15 16 17 18 19
보라 15 16 17 18 19
따라서 18을 포함하는 수의 범위를 말한 사람은 태훈이와 호석이입니다.

2 • 올림하여 백의 자리까지 나타내기:
680 ➡ 700, 2743 ➡ 2800
• 버림하여 백의 자리까지 나타내기:
680 ➡ 600, 2743 ➡ 2700
• 반올림하여 백의 자리까지 나타내기:
680 ➡ 700, 2743 ➡ 2700

3 상자 3개에 100개씩 담으면 남은 24개를 담을 상자 한 개가 더 필요합니다.
따라서 상자는 최소 4개 필요합니다.

4 • 합동인 두 도형의 대응변의 길이는 서로 같습니다.
➡ (변 ㄱㄴ의 길이)
=(변 ㄹㅂ의 길이)=8 cm
• 합동인 두 도형의 대응각의 크기는 서로 같습니다.
➡ (각 ㄹㅂㅁ의 크기)
=(각 ㄱㄴㄷ의 크기)=35°

5 ㉠ 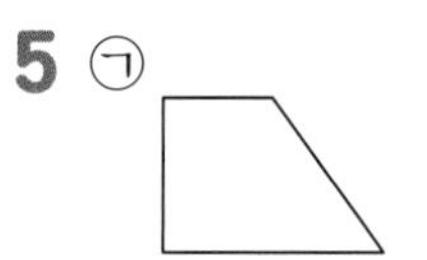 ㉡ 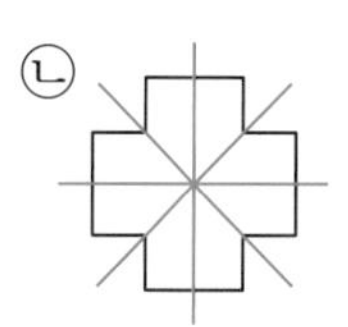 ㉢ 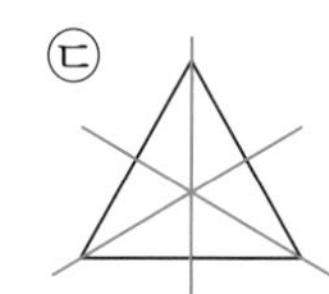

한 직선을 따라 접었을 때 완전히 겹치는 도형을 찾으면 ㉡, ㉢입니다.

6 점대칭도형에서 각각의 대응변의 길이와 대응각의 크기는 서로 같습니다.

7 (직육면체의 모든 모서리의 길이의 합)
$=(10\times4)+(6\times4)+(9\times4)=100$ (cm)

8 전개도를 접었을 때 서로 만나는 선분과 평행한 선분의 길이는 같습니다.

식을 만들어 해결하기

익히기 52~53쪽

1 직육면체

문제 분석 ㉠+㉡의 값

해결 전략 평행한

풀이 ❶ 7, 5, 7, 5, 24
❷ 4
❸ 24, 4, 28

답 28

2 합동과 대칭

문제 분석 색칠한 부분의 넓이는 몇 cm²

해결 전략 빼는

풀이 ❶ ㄹㅁ, 6 / 6, 6, 12 / ㄴㅅ, 8 / 8, 8, 16
❷ 16, 10, 140 / 12, 24
❸ 140, 24, 116

답 116

적용하기 54~57쪽

1 직육면체

❶ 정육면체에는 모서리가 12개 있고 그 길이는 모두 같습니다.

❷ (정육면체의 한 모서리의 길이)
$=72\div12=6$ (cm)

답 6 cm

2 합동과 대칭

❶ 선대칭도형에서 각각의 대응변의 길이는 서로 같습니다.
(변 ㄱㄴ의 길이)=(변 ㄱㅇ의 길이)=7 cm
(변 ㄴㄷ의 길이)=(변 ㅇㅅ의 길이)=2 cm
(변 ㄹㅁ의 길이)=(변 ㅂㅁ의 길이)=2 cm
(변 ㅅㅂ의 길이)=(변 ㄷㄹ의 길이)=3 cm

❷ (도형의 둘레)
=((변 ㄱㄴ의 길이)+(변 ㄴㄷ의 길이)
+(변 ㄷㄹ의 길이)+(변 ㄹㅁ의 길이))×2
$=(7+2+3+2)\times2=28$ (cm)

답 28 cm

3 직육면체

❶ 직육면체의 겨냥도에서 보이지 않는 모서리는 점선으로 그립니다.
겨냥도에서 보이지 않는 모서리는 3개이고 길이가 각각 7 cm, 4 cm, 2 cm입니다.

❷ (겨냥도에서 보이지 않는 모서리의 길이의 합)
$=7+4+2=13$ (cm)

답 13 cm

4 합동과 대칭

❶ 삼각형 ㄱㄴㄷ과 삼각형 ㄹㅂㅁ은 서로 합동입니다.
(각 ㄱㄴㄷ의 크기)
=(각 ㄹㅂㅁ의 크기)=110°
(각 ㅁㄹㅂ의 크기)
=(각 ㄷㄱㄴ의 크기)=35°
삼각형의 세 각의 크기의 합은 180°이므로 삼각형 ㄱㄴㄷ과 삼각형 ㄹㅂㅁ에서
(각 ㄱㄷㄴ의 크기)
=(각 ㄹㅁㅂ의 크기)
$=180°-(35°+110°)=35°$입니다.

❷ 삼각형 ㅅㅁㄷ에서
(각 ㅁㅅㄷ의 크기)
$=180°-(35°+35°)=110°$입니다.

답 110°

5 합동과 대칭

❶ 점대칭도형에서 각각의 대응변의 길이는 서로 같습니다.
➡ (변 ㄱㅂ의 길이)
=(변 ㄹㄷ의 길이)=13 cm
(변 ㅁㄹ의 길이)
=(변 ㄴㄱ의 길이)=9 cm

❷ 대응점에서 대칭의 중심까지의 거리는 서로 같습니다.
➡ (선분 ㄷㅅ의 길이)
=(선분 ㅂㅅ의 길이)=8 cm
(변 ㄷㄴ의 길이)
=(변 ㄷㅅ의 길이)−(변 ㄴㅅ의 길이)
$=8-4=4$ (cm)
(변 ㅂㅁ의 길이)
=(변 ㄷㄴ의 길이)=4 cm

❸ (도형의 둘레)
=(변 ㄱㅂ의 길이)+(변 ㄱㄴ의 길이)
+(변 ㄴㄷ의 길이)+(변 ㄷㄹ의 길이)
+(변 ㄹㅁ의 길이)+(변 ㅁㅂ의 길이)
$=13+9+4+13+9+4=52$ (cm)

답 52 cm

6 직육면체

❶ (선분 ㅋㅌ의 길이)
=(선분 ㄱㅎ의 길이)=6 cm이므로
(선분 ㅌㅍ의 길이)
=(선분 ㅋㅍ의 길이)−(선분 ㅋㅌ의 길이)
$=10-6=4$ (cm)입니다.

❷ 전개도를 접어서 만든 직육면체에서 길이가 6 cm인 모서리는 4개, 길이가 4 cm인 모서리는 4개, 길이가 5 cm인 모서리는 4개입니다.

➡ (모든 모서리의 길이의 합)
$=(6\times4)+(4\times4)+(5\times4)$
$=24+16+20=60$ (cm)

답 60 cm

7 합동과 대칭

❶ **선분 ㄹㅁ의 길이는 몇 cm인지 구하기**

선대칭도형에서 대응점끼리 이은 선분은 대칭축과 수직으로 만나고 대칭축에 의해 길이가 같게 나누어집니다.

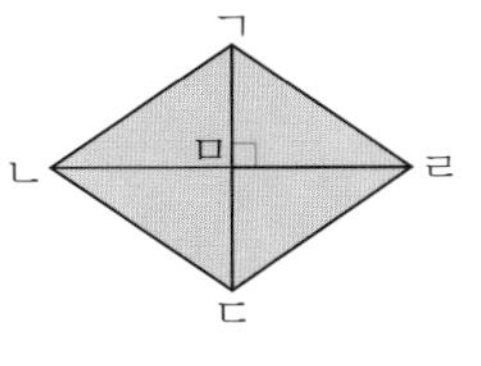

➡ (선분 ㄹㅁ의 길이)
=(선분 ㄴㅁ의 길이)=6 cm

❷ **삼각형 ㄱㄴㄷ과 삼각형 ㄱㄷㄹ의 넓이는 각각 몇 cm²인지 구하기**

삼각형 ㄱㄴㄷ과 삼각형 ㄱㄷㄹ은 밑변의 길이가 8 cm이고 높이가 6 cm입니다.

➡ (삼각형 ㄱㄴㄷ의 넓이)
=(삼각형 ㄱㄷㄹ의 넓이)
$=8\times6\div2=24$ (cm²)

❸ **사각형 ㄱㄴㄷㄹ의 넓이는 몇 cm²인지 구하기**

(사각형 ㄱㄴㄷㄹ의 넓이)
=(삼각형 ㄱㄴㄷ의 넓이)
+(삼각형 ㄱㄷㄹ의 넓이)
$=24+24=48$ (cm²)

답 48 cm²

8 합동과 대칭

❶ **각 ㄴㄱㅂ과 각 ㄱㅂㅁ은 각각 몇 도인지 구하기**

점대칭도형에서 각각의 대응각의 크기는 서로 같습니다.

➡ (각 ㄴㄱㅂ의 크기)
=(각 ㅁㄹㄷ의 크기)=96°
(각 ㄱㅂㅁ의 크기)
=(각 ㄹㄷㄴ의 크기)=124°

❷ **각 ㄱㄴㄷ과 각 ㄹㅁㅂ의 크기의 합은 몇 도인지 구하기**

주어진 점대칭도형은 육각형이고, 육각형의 여섯 각의 크기의 합은 720°이므로
(각 ㄱㄴㄷ의 크기)+(각 ㄹㅁㅂ의 크기)
$=720°-(124°+124°+96°+96°)=280°$

❸ **각 ㄱㄴㄷ은 몇 도인지 구하기**

(각 ㄱㄴㄷ의 크기)=(각 ㄹㅁㅂ의 크기)이므로
(각 ㄱㄴㄷ의 크기)$=280°\div2=140°$

답 140°

9 직육면체

❶ **7 cm, 15 cm, 8 cm인 모서리와 길이가 같은 부분을 끈으로 각각 몇 번씩 둘렀는지 구하기**

7 cm인 모서리와 길이가 같은 부분을 2번, 15 cm인 모서리와 길이가 같은 부분을 2번, 8 cm인 모서리와 길이가 같은 부분을 4번 둘렀습니다.

❷ **매듭을 뺀 상자에 두른 끈은 몇 cm인지 구하기**

(매듭을 뺀 상자에 두른 끈의 길이)
$=(7\times2)+(15\times2)+(8\times4)$
$=14+30+32=76$ (cm)

❸ **사용한 끈은 모두 몇 cm인지 구하기**

(사용한 끈의 길이)
=(매듭을 뺀 상자에 두른 끈의 길이)
+(매듭의 길이)
$=76+20=96$ (cm)

답 96 cm

그림을 그려 해결하기

익히기 58~59쪽

1 직육면체

문제 분석 보이는 면의 넓이의 합은 몇 cm²
12

풀이 ❶ 10, 12, 12
❷ 90 / 108 / 120 / 90, 108, 120, 318

답 318

2 합동과 대칭

문제 분석 완성한 점대칭도형의 둘레는 몇 cm

해결 전략 같습니다

풀이 ❶

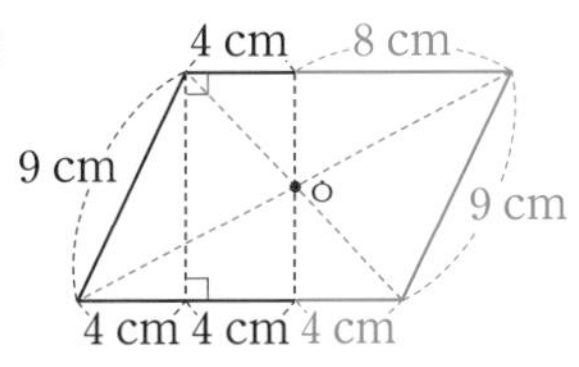

❷ 12, 42

답 42

적용하기 60~63쪽

1
합동과 대칭

❶
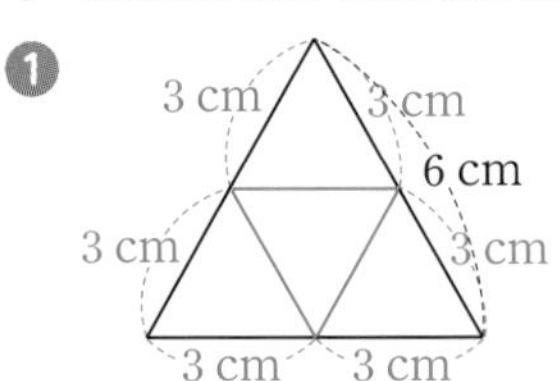

❷ 합동인 삼각형의 대응변의 길이는 서로 같으므로 나눈 삼각형의 한 변의 길이는 $6\div2=3$ (cm)입니다.
➡ (나눈 삼각형 한 개의 둘레)
$=3\times3=9$ (cm)

답 9 cm

2
합동과 대칭

❶
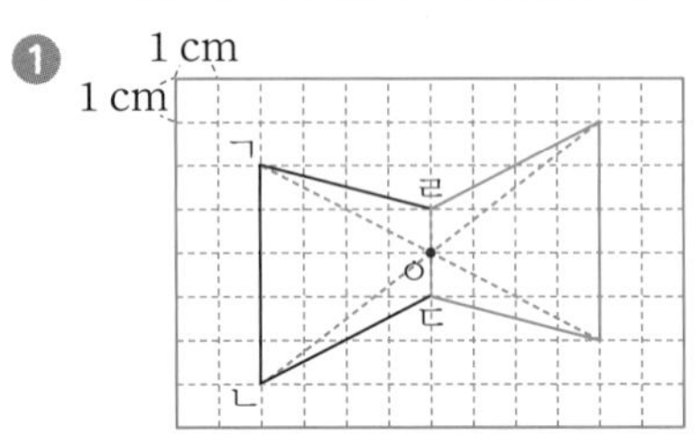

❷ (완성한 점대칭도형의 넓이)
=(사각형 ㄱㄴㄷㄹ의 넓이)×2
$=((5+2)\times4\div2)\times2=28$ (cm^2)

답 28 cm^2

3
수의 범위와 어림하기

❶ 예
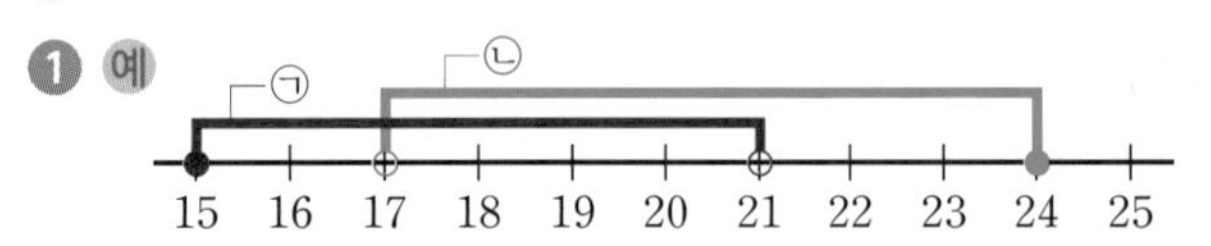

❷ ❶에서 ㉠과 ㉡의 공통된 수의 범위는 17 초과 21 미만인 수입니다.

❸ 두 수의 범위에 공통으로 속하는 자연수 중 가장 큰 수는 20이고, 가장 작은 수는 18입니다.
➡ (가장 큰 수)+(가장 작은 수)
$=20+18=38$

답 38

4
직육면체

❶ 위에서 본 모양과 앞에서 본 모양에서 직육면체의 각각의 모서리의 길이를 알 수 있으므로 길이에 맞게 겨냥도를 그려 봅니다.

예
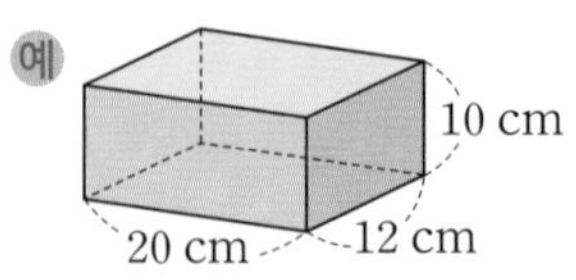

❷ 길이가 20 cm인 모서리는 4개, 길이가 12 cm인 모서리는 4개, 길이가 10 cm인 모서리는 4개입니다.
➡ (모든 모서리의 길이의 합)
$=(20\times4)+(12\times4)+(10\times4)$
$=80+48+40=168$ (cm)

답 168 cm

5
합동과 대칭

❶
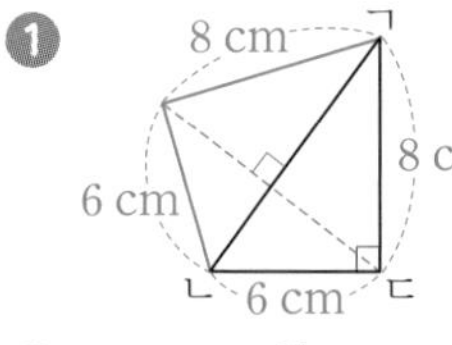

(그린 선대칭도형의 둘레)
$=(8+6)\times2$
$=14\times2=28$ (cm)

❷
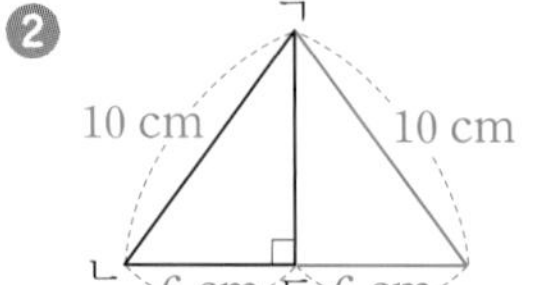

(그린 선대칭도형의 둘레)
$=(10+6)\times2$
$=16\times2=32$ (cm)

❸
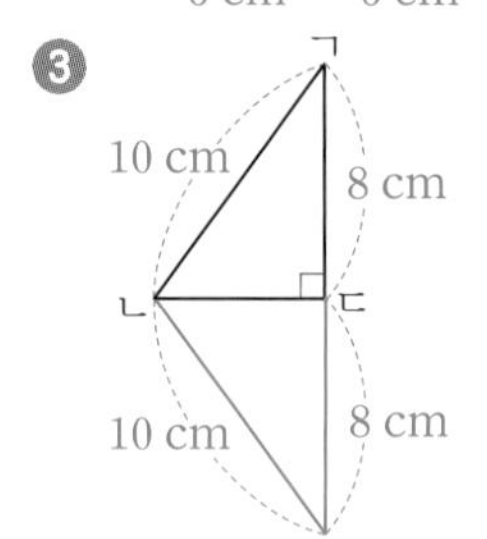

(그린 선대칭도형의 둘레)
$=(10+8)\times2$
$=18\times2=36$ (cm)

❹ $36>32>28$이므로 그린 선대칭도형의 둘레는 변 ㄴㄷ을 대칭축으로 하였을 때 36 cm로 가장 깁니다.

답 변 ㄴㄷ, 36 cm

6
수의 범위와 어림하기

❶ **세 수의 범위를 각각 수직선에 나타내기**

예
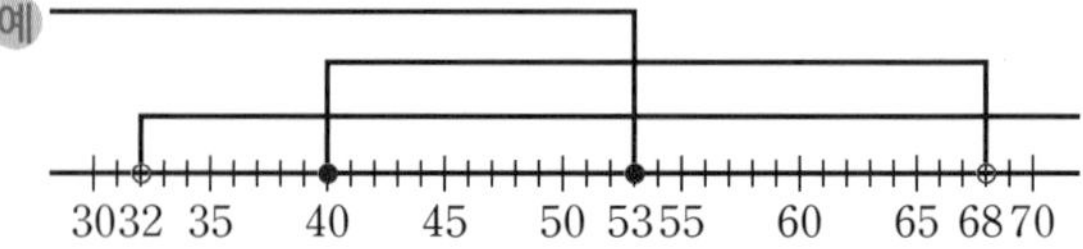

❷ **❶의 수직선에서 공통된 수의 범위를 이상과 이하를 이용하여 나타내기**

❶에서 세 수의 범위의 공통된 수의 범위는 40 이상 53 이하인 수입니다.

❸ **세 수의 범위에 공통으로 속하는 자연수는 모두 몇 개인지 구하기**

40 이상 53 이하인 자연수는 40부터 53까지 이므로 모두 14개입니다.

답 14개

7

직육면체

❶ **정육면체의 전개도를 서로 다른 모양으로 그리기**

예

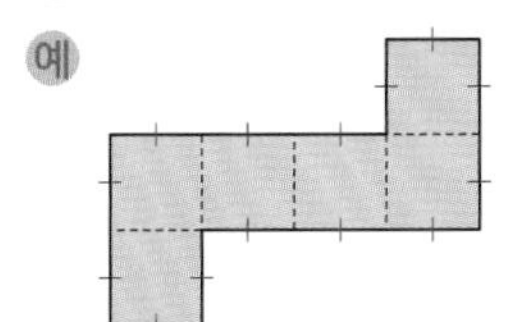

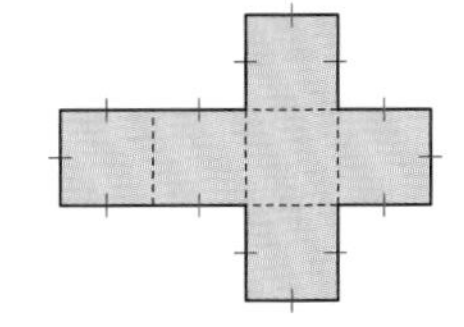

❷ **정육면체의 전개도의 둘레는 몇 cm인지 구하기**

❶의 그림과 같이 정육면체의 전개도를 그리면 둘레에 4 cm인 선분이 14개입니다.

➡ (정육면체의 전개도의 둘레)

$=4\times14=56$ (cm)

답 56 cm

8

합동과 대칭

❶ **변 ㄱㄷ을 대칭축으로 하는 선대칭도형 그리기**

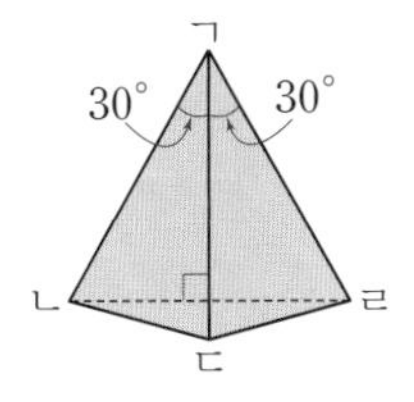

❷ **선분 ㄴㄹ의 길이는 몇 cm인지 구하기**

(변 ㄱㄹ의 길이)=(변 ㄱㄴ의 길이)=8 cm

➡ 삼각형 ㄱㄴㄹ은 이등변삼각형입니다.

(각 ㄴㄱㄹ의 크기)

=(각 ㄴㄱㄷ의 크기)+(각 ㄷㄱㄹ의 크기)

$=30^\circ+30^\circ=60^\circ$

➡ (각 ㄱㄴㄹ의 크기)

=(각 ㄱㄹㄴ의 크기)

$=(180^\circ-60^\circ)\div2=60^\circ$

즉, 삼각형 ㄱㄴㄹ은 정삼각형이므로 선분 ㄴㄹ의 길이는 8 cm입니다.

❸ **삼각형 모양의 종이 한 장의 넓이는 몇 cm^2인지 구하기**

삼각형 ㄱㄴㄷ은 변 ㄱㄷ을 밑변으로 할 때 높이는 선분 ㄴㄹ의 길이의 반입니다.

➡ (삼각형 모양의 종이 한 장의 넓이)

$=8\times(8\div2)\div2=16$ (cm^2)

답 16 cm^2

거꾸로 풀어 해결하기

익히기 64~65쪽

1

합동과 대칭

문제 분석 모눈 한 칸의 한 변의 길이는 몇 cm

144

풀이 ❶

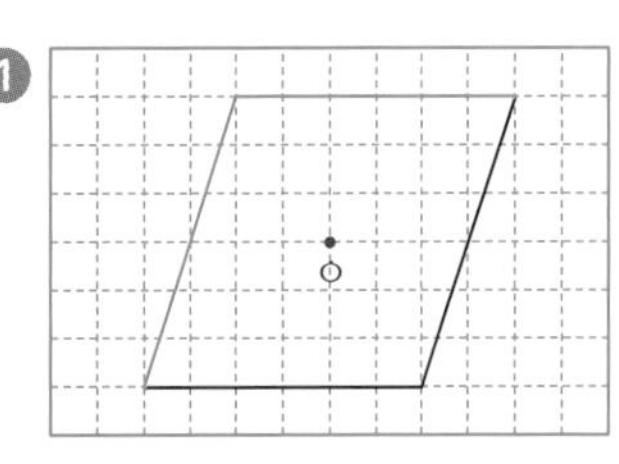

평행사변형 / 6

❷ 6, 144 / 36, 144, 144, 36, 4

❸ 2, 2, 2

답 2

2

직육면체

문제 분석 모서리 ㄱㄴ의 길이는 몇 cm

80 / 6

풀이 ❶ 4, 4 / 4

❷ 6, 4 / 11, 4, 11, 4, 20 / 20, 11, 9 / 9

답 9

적용하기 66~69쪽

1

합동과 대칭

❶ 합동인 두 도형의 대응변의 길이는 서로 같습니다.

➡ (변 ㅂㅅ의 길이)

=(변 ㄷㄹ의 길이)=4 cm

❷ 합동인 두 도형의 대응변의 길이는 서로 같으므로 둘레도 서로 같습니다.

(사각형 ㅇㅁㅂㅅ의 둘레)

=(사각형 ㄱㄴㄷㄹ의 둘레)=18 cm이므로

(변 ㅇㅅ의 길이)$=18-(5+6+4)=3$ (cm)

입니다.

답 3 cm

2

직육면체

❶ (색칠한 면의 네 변의 길이의 합)
$=8+6+8+6=28$ (cm)

❷ 모서리 ㄱㄴ의 길이를 □cm라고 하면
색칠한 면과 수직으로 만나는 면들의 넓이의 합이 392 cm^2이고 색칠한 면의 네 변의 길이의 합이 28 cm이므로
$28\times□=392$, $□=392\div28=14$입니다.
따라서 모서리 ㄱㄴ의 길이는 14 cm입니다.

답 14 cm

3

수의 범위와 어림하기

❶ 올림하여 십의 자리까지 나타내었을 때 120이 되는 수의 범위는 110 초과 120 이하입니다.

❷ 어떤 수의 범위는 $(110-15)$ 초과 $(120-15)$ 이하, 즉 95 초과 105 이하입니다.

답 95 초과 105 이하

4

직육면체

❶ 직육면체의 겨냥도에서 보이는 모서리는 한 꼭짓점에서 만나는 세 모서리가 각각 3개씩이므로
(한 꼭짓점에서 만나는 세 모서리의 길이의 합)
$\times3=75$,
(한 꼭짓점에서 만나는 세 모서리의 길이의 합)
$=75\div3=25$ (cm)입니다.

❷ (직육면체의 모든 모서리의 길이의 합)
$=25\times4=100$ (cm)

답 100 cm

5

합동과 대칭

❶
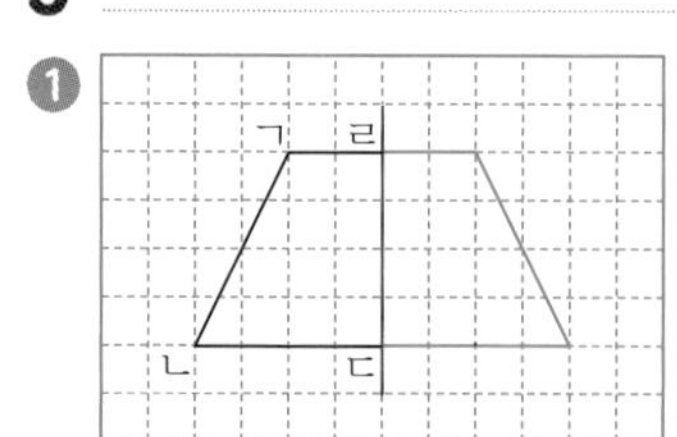

완성한 선대칭도형은 사다리꼴이고, 사다리꼴의 윗변은 모눈 4칸, 아랫변은 모눈 8칸, 높이는 모눈 4칸입니다.

❷ 모눈 한 칸의 넓이를 □cm^2라고 하면
(완성한 선대칭도형의 넓이)
$=((4+8)\times4\div2)\times□=216$ (cm^2)이므로
$24\times□=216$, $□=216\div24=9$입니다.
따라서 모눈 한 칸의 넓이는 9 cm^2입니다.

❸ $9=3\times3$이므로 모눈 한 칸의 한 변의 길이는 3 cm입니다.

답 3 cm

6

직육면체

❶ (4 cm인 실선의 길이의 합)
$=4\times6=24$ (cm)
(6 cm인 실선의 길이의 합)
$=6\times2=12$ (cm)

❷
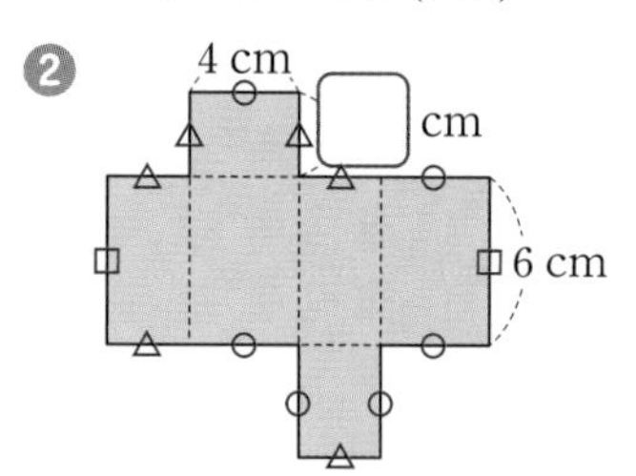

(□cm인 실선의 길이의 합)$=$(□$\times6$) cm이고
(4 cm인 실선의 길이의 합)
$+$(6 cm인 실선의 길이의 합)
$+$(□cm인 실선의 길이의 합)
$=$(직육면체의 전개도의 둘레)이므로
$24+12+□\times6=54$, $36+□\times6=54$,
$□\times6=54-36=18$, $□=18\div6=3$입니다.

답 3

7

수의 범위와 어림하기

❶ **정오각형의 모든 변의 길이의 합의 범위를 이상과 미만을 이용하여 나타내기**
반올림하여 십의 자리까지 나타내었을 때 150이 되는 수의 범위는 145 이상 155 미만입니다.
즉, 정오각형의 모든 변의 길이의 합의 범위는 145 cm 이상 155 cm 미만입니다.

❷ **정오각형의 한 변의 길이의 범위를 이상과 미만을 이용하여 나타내기**
정오각형은 다섯 변의 길이가 모두 같습니다.
따라서 정오각형의 한 변의 길이의 범위는 $(145\div5)$ cm 이상 $(155\div5)$ cm 미만, 즉 29 cm 이상 31 cm 미만입니다.

답 29 cm 이상 31 cm 미만

8

직육면체

❶ **정사각형의 한 변의 길이는 몇 cm인지 구하기**

정육면체의 전개도의 둘레는 정사각형의 한 변의 길이의 14배이므로
(정사각형의 한 변의 길이)$\times 14 = 84$,
(정사각형의 한 변의 길이)
$= 84 \div 14 = 6$ (cm)입니다.

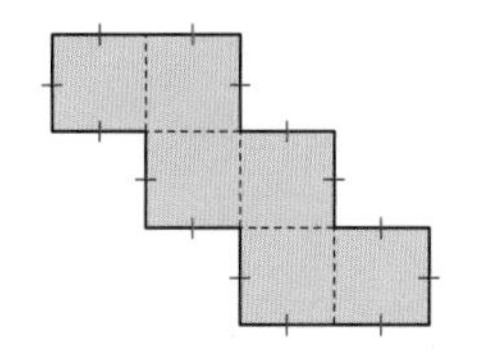

❷ **정사각형 한 개의 넓이는 몇 cm^2인지 구하기**
(정사각형 한 개의 넓이)$= 6 \times 6 = 36$ (cm^2)

❸ **정육면체의 전개도의 넓이는 몇 cm^2인지 구하기**
정육면체의 전개도는 6개의 정사각형으로 이루어져 있으므로
(정육면체의 전개도의 넓이)
$= 36 \times 6 = 216$ (cm^2)입니다.

답 216 cm^2

9

합동과 대칭

❶ **점대칭도형 완성하기**

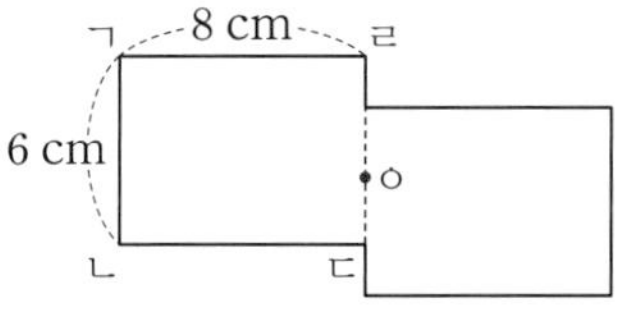

❷ **선분 ㅇㄷ의 길이는 몇 cm인지 구하기**
선분 ㅇㄷ의 길이를 □cm라고 하면
(직사각형 ㄱㄴㄷㄹ의 둘레)$\times 2$
$-$(선분 ㅇㄷ의 길이)$\times 4$
$=$(완성한 점대칭도형의 둘레)이므로
$(8+6+8+6) \times 2 - \square \times 4 = 48$,
$56 - \square \times 4 = 48$, $\square \times 4 = 56 - 48 = 8$,
$\square = 8 \div 4 = 2$입니다.
따라서 선분 ㅇㄷ의 길이는 2 cm입니다.

답 2 cm

조건을 따져 해결하기

익히기 70~71쪽

1

수의 범위와 어림하기

문제 분석 색종이를 사는 데 최소 얼마가 필요합니까?
83 / 10 / 580

풀이 ❶ 올림, 90 / 9
❷ 9, 5220

답 5220

참고 ❶ 8묶음을 사면 색종이가 3장 부족합니다.

2

합동과 대칭

문제 분석 각 ㄱㅁㄹ은 몇 도
30, 65

풀이 ❶ ㄷㅁ / ㄴㅁ / ㄷㄴ / ㄷㅁㄴ
❷ ㄴㄷㅁ, 65 / 65, 30, 85

답 85

적용하기 72~75쪽

1

직육면체

❶ 주사위의 전개도를 접으면 정육면체 모양이 만들어지고 정육면체에서 마주 보는 두 면은 서로 평행하므로 면 가와 평행한 면의 눈의 수는 3입니다.
➡ (면 가의 눈의 수)$= 7 - 3 = 4$

❷ 면 나와 평행한 면의 눈의 수는 1입니다.
➡ (면 나의 눈의 수)$= 7 - 1 = 6$

❸ (면 가와 면 나의 눈의 수의 합)$= 4 + 6 = 10$

답 10

2

합동과 대칭

❶

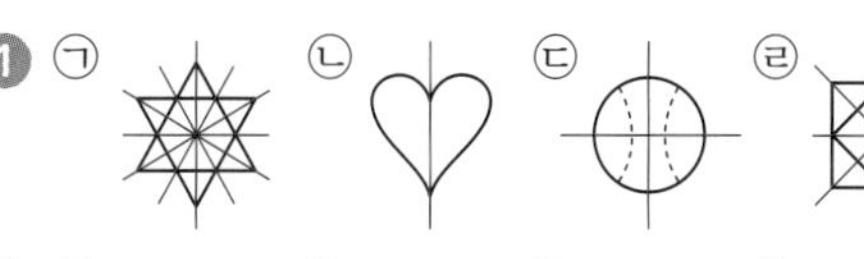

❷

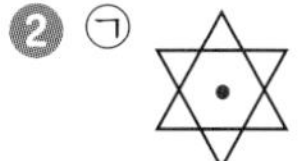

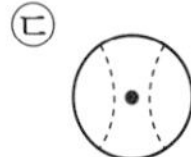

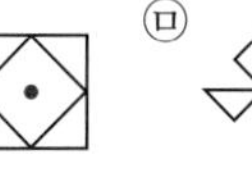

❸ 선대칭도형이면서 점대칭도형인 것은 ㉠, ㉢, ㉣입니다.

답 ㉠, ㉢, ㉣

3

수의 범위와 어림하기

❶ 4000, 7000 / 7000, 7000, 4000
참고 • 65세 이상은 65세와 같거나 많을 때이므로 할머니의 입장료는 4000원입니다.

• 6세 이하는 6세와 같거나 적을 때이므로 동생의 입장료는 4000원입니다.

❷ (미희네 가족이 내야 하는 입장료)
=(4000×2)+(7000×3)
=8000+21000=29000(원)

답 29000원

4
합동과 대칭

❶ 삼각형 ㄷㅂㅁ의 둘레는 32 cm이므로
(선분 ㄷㅂ의 길이)
=32−(12+5)=15 (cm)입니다.
합동인 두 도형의 대응변의 길이가 서로 같으므로
(선분 ㄱㄹ의 길이)
=(선분 ㄷㅂ의 길이)=15 cm입니다.

❷ (선분 ㄱㄴ의 길이)=(선분 ㄴㄹ의 길이)×2이므로
(선분 ㄱㄹ의 길이)=(선분 ㄴㄹ의 길이)×3,
15=(선분 ㄴㄹ의 길이)×3,
(선분 ㄴㄹ의 길이)=15÷3=5 (cm)입니다.

답 5 cm

5
수의 범위와 어림하기

❶ 고구마 439 kg을 한 상자에 10 kg씩 담으면 43상자에 담고 9 kg이 남습니다.
따라서 고구마는 최대 43상자 담을 수 있습니다.

❷ 고구마는 최대 43상자 담을 수 있으므로 고구마를 팔아서 받을 수 있는 돈은 최대
43×15000=645000(원)입니다.

답 645000원

6
합동과 대칭

❶ 삼각형 ㄱㄴㄹ, 삼각형 ㄷㄹㄴ, 삼각형 ㅂㄴㄹ은 서로 합동이므로
(변 ㄱㄴ의 길이)=(변 ㄷㄹ의 길이)
=(변 ㅂㄴ의 길이)=12 cm입니다.

❷ 삼각형 ㄴㅂㅁ과 삼각형 ㄹㄷㅁ은 서로 합동이므로
(변 ㄴㅁ의 길이)
=(변 ㄹㅁ의 길이)=13 cm입니다.
➡ (변 ㄴㄷ의 길이)
=(변 ㄴㅁ의 길이)+(변 ㅁㄷ의 길이)
=13+5=18 (cm)

❸ (직사각형 ㄱㄴㄷㄹ의 둘레)
=(18+12)×2=60 (cm)

답 60 cm

7
수의 범위와 어림하기

❶ **성욱이가 모은 동전은 모두 얼마인지 구하기**
(100원짜리 동전 125개)
=100×125=12500(원),
(50원짜리 동전 31개)=50×31=1550(원),
(10원짜리 동전 46개)=10×46=460(원)
입니다.
따라서 성욱이가 모은 동전은 모두
12500+1550+460=14510(원)입니다.

❷ **1000원짜리 지폐로 최대 몇 장까지 바꿀 수 있는지 구하기**
1000원이 되지 않는 금액은 1000원짜리 지폐로 바꿀 수 없으므로 버림을 이용해야 합니다.
성욱이가 모은 돈은 14510원이므로 14510을 버림하여 천의 자리까지 나타내면 14000입니다.
따라서 성욱이는 모은 돈을 1000원짜리 지폐로 최대 14장까지 바꿀 수 있습니다.

답 14장

8
합동과 대칭

❶ **주어진 숫자 중 선대칭도형인 숫자 찾기**
주어진 숫자 중 선대칭도형인 숫자는 **0**, **3**, **8** 입니다.

❷ **838보다 큰 세 자리 수를 만들 때 백의 자리, 십의 자리, 일의 자리에 놓을 수 있는 수 구하기**
838보다 커야 하므로 백의 자리에는 **8**, 십의 자리에는 **8**, 일의 자리에는 **0**, **3**, **8**을 놓아야 합니다.

❸ **838보다 큰 선대칭도형이 되는 세 자리 수는 모두 몇 개 만들 수 있는지 구하기**
838보다 큰 선대칭도형이 되는 세 자리 수는 **880**, **883**, **888**로 모두 3개입니다.

답 3개

9

❶ **나의 뒷면에 있는 9개의 수 구하기**

나의 뒷면에 있는 수는 앞면에 보이는 수와 마주 보는 수입니다.
가 전개도를 접어서 정육면체를 만들었을 때 서로 마주 보는 수는 1과 9, 3과 5, 6과 8이므로 나의 뒷면에 있는 수는 위에서부터 차례로 1, 6, 5 / 9, 3, 8 / 6, 8, 1입니다.

❷ **나의 뒷면에 있는 9개의 수의 합 구하기**

(나의 뒷면에 있는 9개의 수의 합)
$=1+6+5+9+3+8+6+8+1=47$

답 47

도형·측정 마무리하기 1회 76~79쪽

1 6500원 **2** 28 cm^2 **3** 6개
4 48 cm **5** 70° **6** 선분 ㅇㅅ
7 가장 큰 수: 650, 가장 작은 수: 645
8 3 cm
9 예 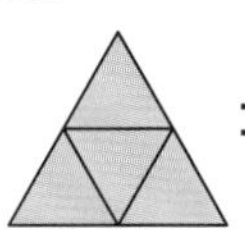 : 6 cm, 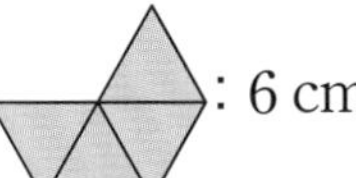 : 6 cm
10 32 cm^2

1 조건을 따져 해결하기

물건을 상자에 넣어서 보내는 택배의 무게는 모두 $4.7+0.4=5.1$ (kg)이 됩니다.
따라서 5.1 kg은 5 kg 초과 10 kg 이하인 범위에 속하므로 혜림이는 6500원을 내야 합니다.

2 그림을 그려 해결하기

색칠한 면과 평행한 면은 다음과 같습니다.

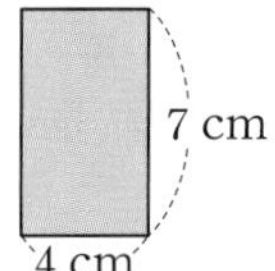

➡ (색칠한 면과 평행한 면의 넓이)
$=4\times7=28$ (cm^2)

3 조건을 따져 해결하기

소수 한 자리 수를 ■.▲라고 하면
■가 될 수 있는 수: 3 이상 5 미만인 수
➡ 3, 4
▲가 될 수 있는 수: 5 초과 8 이하인 수
➡ 6, 7, 8
따라서 만들 수 있는 소수 한 자리 수는 3.6, 3.7, 3.8, 4.6, 4.7, 4.8로 모두 6개입니다.

4 거꾸로 풀어 해결하기

보이지 않는 모서리는 3개이므로 한 모서리의 길이를 □cm라고 하면
$\square\times3=12$, $\square=4$입니다.
정육면체는 12개의 모서리의 길이가 모두 같습니다.
➡ (정육면체의 모든 모서리의 길이의 합)
$=4\times12=48$ (cm)

5 식을 만들어 해결하기

삼각형 ㄱㄴㄷ과 삼각형 ㄷㅁㄹ은 서로 합동이고 합동인 삼각형에서 대응각의 크기가 서로 같으므로
(각 ㄱㄷㄴ의 크기)
=(각 ㄷㄹㅁ의 크기)=35°,
(각 ㄷㅁㄹ의 크기)
=(각 ㄱㄴㄷ의 크기)=40°입니다.
삼각형의 세 각의 크기의 합은 180°이므로
(각 ㄹㄷㅁ의 크기)
=180°−(각 ㄷㄹㅁ의 크기)
−(각 ㄷㅁㄹ의 크기)
=180°−35°−40°=105°
➡ (각 ㄱㄷㄹ의 크기)
=(각 ㄹㄷㅁ의 크기)−(각 ㄱㄷㄴ의 크기)
=105°−35°=70°

6 그림을 그려 해결하기

전개도를 접었을 때 만나는 꼭짓점을 선으로 연결하면 다음과 같습니다.

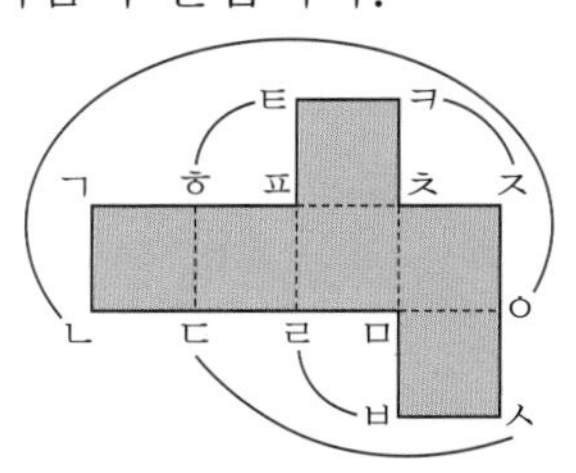

전개도를 접었을 때 점 ㄴ과 만나는 점은 점 ㅇ

이고 점 ㄷ과 만나는 점은 점 ㅅ이므로 선분 ㄴㄷ과 겹치는 선분은 선분 ㅇㅅ입니다.

7 조건을 따져 해결하기

반올림하여 십의 자리까지 나타내었을 때 650이 되는 자연수는 645부터 654까지의 자연수입니다.
올림하여 십의 자리까지 나타내었을 때 650이 되는 자연수는 641부터 650까지의 자연수입니다.

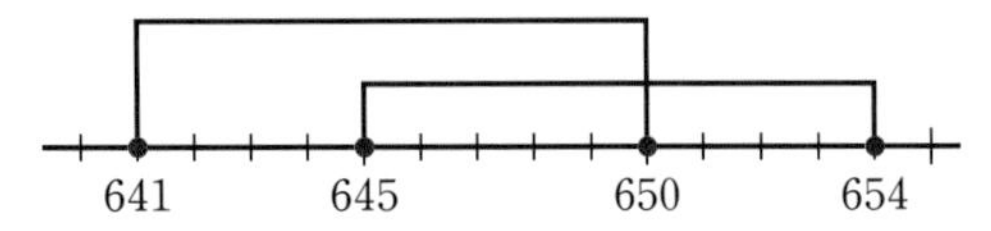

따라서 조건을 모두 만족하는 자연수는 645부터 650까지의 자연수이므로 가장 큰 수는 650이고 가장 작은 수는 645입니다.

8 거꾸로 풀어 해결하기

(선분 ㄴㄷ의 길이)=(선분 ㅅㅂ의 길이)
=(선분 ㅇㅈ의 길이)=(선분 ㄱㅌ의 길이)
=2 cm
(선분 ㄹㅁ의 길이)
=(선분 ㅋㅊ의 길이)=5 cm
(선분 ㄱㄴ의 길이)
=(선분 ㅇㅅ의 길이)=9 cm
선분 ㅈㅊ의 길이를 □cm라고 하면
(선분 ㅌㅋ의 길이)=(선분 ㄷㄹ의 길이)
=(선분 ㅂㅁ의 길이)=(선분 ㅈㅊ의 길이)
=□cm이고
도형의 둘레가 48 cm이므로
$(2\times4)+(5\times2)+(9\times2)+(\square\times4)=48$,
$36+(\square\times4)=48$, $\square\times4=12$, $\square=3$입니다.
따라서 선분 ㅈㅊ의 길이는 3 cm입니다.

9 그림을 그려 해결하기

서로 합동인 정삼각형 4개를 변끼리 맞닿게 붙여서 만들 수 있는 모양은 다음과 같이 3가지입니다.

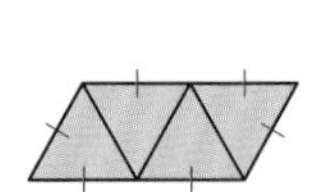
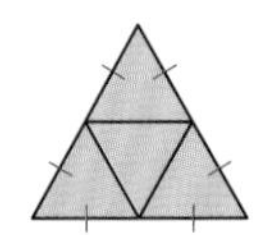
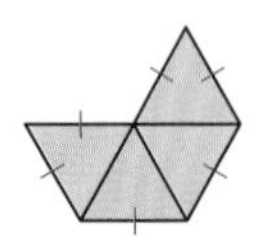

3가지 경우 모두 둘레에 1 cm인 변이 6개 있으므로
(만든 모든 모양의 둘레)$=1\times6=6$ (cm)
입니다.

10 거꾸로 풀어 해결하기

삼각형 ㄱㄴㅁ과 삼각형 ㄷㅂㅁ은 서로 합동이고 합동인 삼각형에서 대응변의 길이는 서로 같으므로
(변 ㄴㅁ의 길이)=(변 ㅂㅁ의 길이)=3 cm,
(변 ㄱㄴ의 길이)=(변 ㄷㅂ의 길이)=4 cm
입니다.
선분 ㅁㄷ의 길이를 □cm라고 하면
(삼각형 ㄱㅁㄷ의 넓이)$=\square\times4\div2=10$이므로
$\square\times4=20$, $\square=5$입니다.
(변 ㄴㄷ의 길이)
=(변 ㄴㅁ의 길이)+(변 ㅁㄷ의 길이)
$=3+5=8$ (cm)이므로
(처음 종이의 넓이)
=(직사각형 ㄱㄴㄷㄹ의 넓이)
$=8\times4=32$ (cm^2)

도형·측정 마무리하기 2회 　80~83쪽

1 H, O, X	**2** ㉠, ㉢, ㉡	**3** 5500원
4 4쌍	**5** 96 cm	**6** 5 cm
7 3가지	**8** 가 방법, 6 cm	
9 약 6분 40초		**10** 300 cm^2

1 조건을 따져 해결하기

선대칭도형:

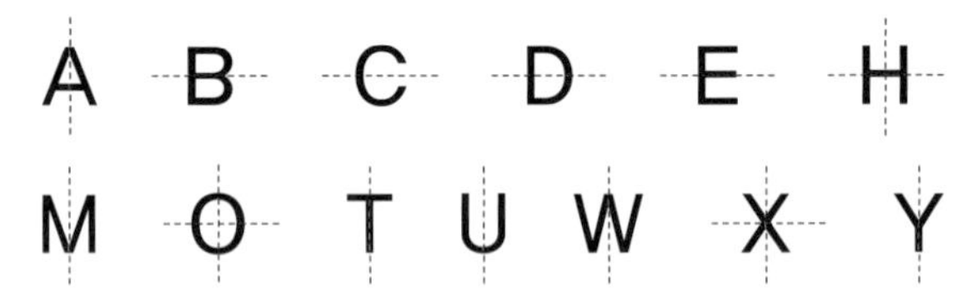

점대칭도형:

H N O S X Z

따라서 선대칭도형이면서 점대칭도형인 알파벳을 모두 찾으면 H, O, X입니다.

2 그림을 그려 해결하기

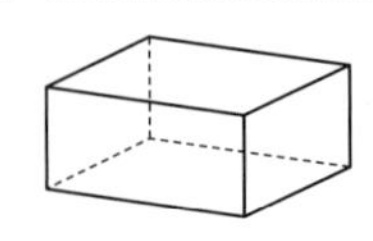

직육면체의 꼭짓점은 8개, 모서리는 12개, 면은 6개입니다.
➡ ㉠$=8+12-6=14$(개)

직육면체의 겨냥도에서 보이지 않는 면은 3개, 보이지 않는 모서리는 3개입니다.
➡ ㉡$=3+3=6$(개)
직육면체의 겨냥도에서 보이는 면은 3개, 보이는 모서리는 9개입니다.
➡ ㉢$=3+9=12$(개)
$14>12>6$이므로 값이 큰 것부터 차례로 기호를 쓰면 ㉠, ㉢, ㉡입니다.

3 조건을 따져 해결하기

105분=60분+45분=1시간 45분
105분 동안 주차장을 이용한 요금은 1시간 동안 이용한 기본요금과 $105-60=45$(분) 동안 이용한 추가 요금의 합을 내야 합니다.
10분마다 500원씩 추가되므로 45분 동안 이용한 추가 요금은 500원씩 5번 추가된 금액과 같습니다.
➡ (내야 하는 주차 요금)
$=3000+500\times5$
$=3000+2500=5500$(원)

4 조건을 따져 해결하기

다음과 같이 번호를 붙인 다음 서로 합동인 삼각형을 찾으면

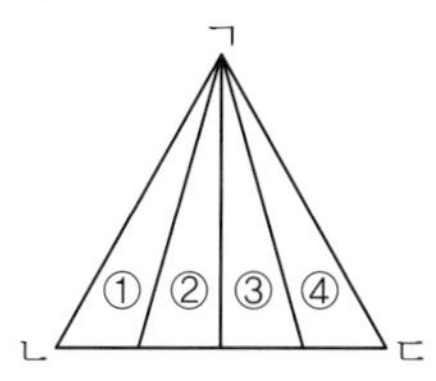

①과 ④, ②와 ③, ①+②와 ③+④, ①+②+③과 ②+③+④입니다.
따라서 찾을 수 있는 서로 합동인 삼각형은 모두 4쌍입니다.

다른 전략 그림을 그려 해결하기

직접 그림을 그려 서로 합동인 삼각형을 찾아볼 수도 있습니다.

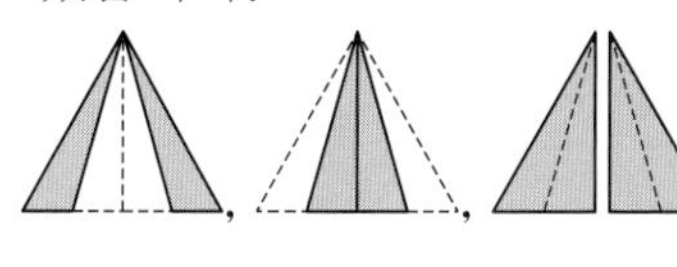

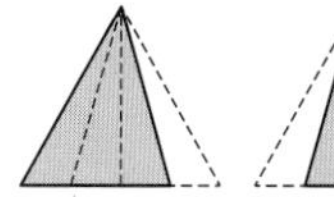

따라서 찾을 수 있는 서로 합동인 삼각형은 모두 4쌍입니다.

5 조건을 따져 해결하기

정육면체는 모서리의 길이가 모두 같으므로 나무토막의 가장 짧은 모서리의 길이인 8 cm를 정육면체의 한 모서리의 길이로 해야 합니다.
➡ (가장 큰 정육면체의 모든 모서리의 길이의 합)
$=8\times12=96$ (cm)

6 거꾸로 풀어 해결하기

(모서리 ㄴㄷ의 길이)
=(모서리 ㅂㅅ의 길이)=11 cm
면 ㄱㄴㄷㄹ은 직사각형이고 면 ㄱㄴㄷㄹ의 넓이는 77 cm^2이므로
$11\times$(모서리 ㄷㄹ의 길이)$=77$,
(모서리 ㄷㄹ의 길이)=7 (cm)입니다.
모서리 ㄹㅇ의 길이를 □cm라고 하면
(모든 모서리의 길이의 합)
$=(11+7+\square)\times4=92$이므로
$(18+\square)\times4=92$, $18+\square=23$, $\square=5$입니다.
따라서 모서리 ㄹㅇ의 길이는 5 cm입니다.

7 그림을 그려 해결하기

만들 수 있는 점대칭도형은 다음과 같이 3가지가 있습니다.

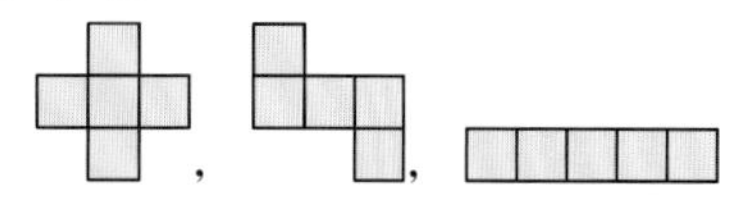

참고 똑같은 정사각형 5개를 변끼리 붙여 만든 도형을 펜토미노라고 합니다. 펜토미노는 다음과 같이 모두 12가지입니다.

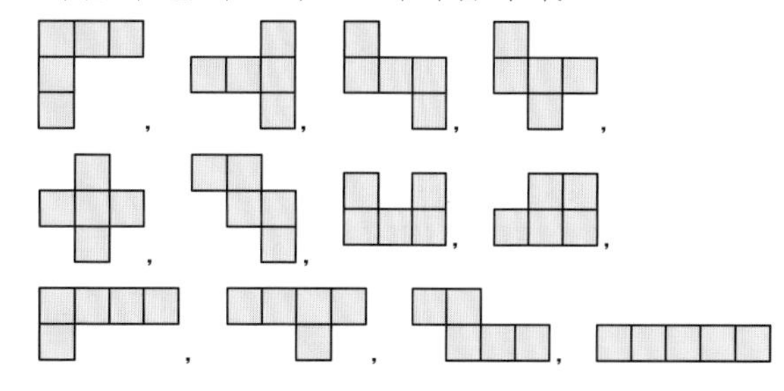

8 식을 만들어 해결하기

가 방법에서 붙일 색 테이프는 7 cm씩 2번, 5 cm씩 2번, 4 cm씩 4번입니다.
➡ (가 방법에서 사용할 색 테이프의 길이)
$=(7\times2)+(5\times2)+(4\times4)=40$ (cm)
나 방법에서 붙일 색 테이프는 7 cm씩 4번, 5 cm씩 2번, 4 cm씩 2번입니다.

➡ (나 방법에서 사용할 색 테이프의 길이)
$=(7\times4)+(5\times2)+(4\times2)=46$ (cm)
$40<46$이므로 가 방법으로 붙일 때 색 테이프가 $46-40=6$ (cm) 더 적게 사용됩니다.

9 조건을 따져 해결하기

(화성～지구～금성까지의 거리)
=(화성～지구까지의 거리)
+(지구～금성까지의 거리)
=약 78000000+약 42000000
=약 120000000 (km)
299792를 반올림하여 만의 자리까지 나타내면 300000이 됩니다.
1억 2000만÷30만=400(초) ➡ 6분 40초
따라서 화성인이 빛의 빠르기로 화성에서 출발하여 지구를 거쳐 금성에 도착하는 데 걸리는 시간은 약 6분 40초입니다.

10 그림을 그려 해결하기

다음 그림과 같이 점 ㄱ과 점 ㄷ을 이으면

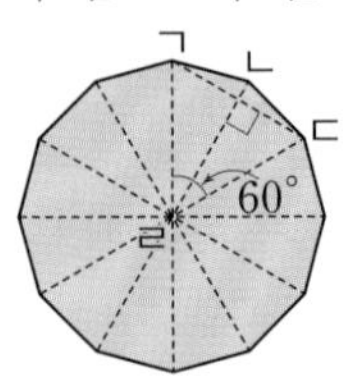

(각 ㄱㄹㄷ의 크기)=60°,
(변 ㄱㄹ의 길이)=(변 ㄷㄹ의 길이)
➡ 삼각형 ㄱㄹㄷ은 정삼각형이 됩니다.
선분 ㄱㄷ의 길이는 10 cm이고 삼각형 ㄱㄹㄴ에서 변 ㄴㄹ을 밑변으로 할 때 높이는 선분 ㄱㄷ의 길이의 반과 같으므로
(삼각형 ㄱㄹㄴ의 넓이)
$=10\times(10\div2)\div2=25$ (cm^2)입니다.
➡ (필요한 종이의 넓이)
=(삼각형 ㄱㄹㄴ의 넓이)×12
$=25\times12=300$ (cm^2)

3장 규칙성·자료와 가능성

규칙성·자료와 가능성 시작하기 86~87쪽

1 6자루　2 16개, 13개, 15개
3 가 모둠　4 45 kg
5 (1) ㉡ (2) ㉠　6 가
7 $\frac{1}{2}$　8 확실하다, 1

1 (연필 수의 평균)$=(4+7+8+6+5)\div5$
$=30\div5=6$(자루)

2 (가 모둠의 모은 딱지 수의 평균)
$=48\div3=16$(개)
(나 모둠의 모은 딱지 수의 평균)
$=65\div5=13$(개)
(다 모둠의 모은 딱지 수의 평균)
$=60\div4=15$(개)

3 모둠별 모은 딱지 수의 평균을 비교하면 $16>15>13$이므로 1인당 모은 딱지 수가 가장 많은 모둠은 가 모둠입니다.

4 서연이네 모둠 학생들의 몸무게의 평균이 42 kg이므로
(학생들의 몸무게의 합)$=42\times4=168$ (kg)
입니다.
➡ (재영이의 몸무게)
=(학생들의 몸무게의 합)
−(나머지 세 명의 몸무게의 합)
$=168-(40+45+38)$
$=168-123=45$ (kg)

5 (1) 주사위 눈의 수는 1부터 6까지 있고 이 중에서 짝수는 2, 4, 6이므로 짝수가 나올 가능성은 '반반이다'입니다.
(2) 주사위 눈의 수는 1부터 6까지 있으므로 눈의 수가 6 이하로 나올 가능성은 '확실하다'입니다.

6 화살이 파란색에 멈출 가능성이 가는 '~일 것 같다'이고, 나는 '반반이다'입니다.
따라서 화살이 파란색에 멈출 가능성이 더 큰 것은 가입니다.

7 꺼낸 구슬이 보라색일 가능성은 '반반이다'이므로 수로 나타내면 $\frac{1}{2}$입니다.

8 상자에 당첨 제비만 4개 들어 있으므로 이 상자에서 뽑은 제비 1개가 당첨 제비일 가능성은 '확실하다'이고 수로 나타내면 1입니다.

식을 만들어 해결하기

익히기 88~89쪽

1 평균과 가능성

문제 분석 10월말 평가 점수의 평균은 9월말 평가 점수의 평균보다 몇 점 높아집니까?
10

풀이 ❶ 97, 84, 455 / 455, 91
❷ 10 / 455, 10, 465 / 465, 93
❸ 93, 91, 2

답 2

2 평균과 가능성

문제 분석 두 모둠 전체의 멀리뛰기 기록의 평균은 몇 cm
165 / 4, 135

풀이 ❶ 990 / 4, 540
❷ 4, 10 / 540, 10 / 1530, 10, 153

답 153

적용하기 90~93쪽

1 평균과 가능성

❶ (구슬 수의 평균)
$=(24+27+16+20+18+21)\div 6$
$=126\div 6=21$(개)

❷ 구슬 수의 평균이 21개이므로 구슬을 21개보다 많이 가지고 있는 학생은 승준이와 민아입니다.

답 승준, 민아

2 평균과 가능성

❶ 여섯 과목의 평균이 87점이므로
(여섯 과목의 총점)$=87\times 6=522$(점)입니다.

❷ (선화의 과학 점수)
=(여섯 과목의 총점)
−(나머지 다섯 과목 점수의 합)
$=522-(85+86+91+90+89)$
$=522-441=81$(점)

답 81점

3 평균과 가능성

❶ (가 도시 기온의 평균)
$=(12.5+18+14.5+15)\div 4$
$=60\div 4=15$ (℃)
(나 도시 기온의 평균)
$=(11+20.5+13+11.5)\div 4$
$=56\div 4=14$ (℃)

❷ $15>14$이므로 가 도시 기온의 평균이 $15-14=1$ (℃) 더 높습니다.

답 가 도시, 1 ℃

4 평균과 가능성

❶ 5명이 캔 고구마의 양의 평균이 4 kg이므로
(전체 고구마의 양)$=4\times 5=20$ (kg)입니다.

❷ (예슬이와 미경이가 캔 고구마의 양)
=(전체 고구마의 양)
−(나머지 세 학생이 캔 고구마의 양)
$=20-(6+4.8+3.2)$
$=20-14=6$ (kg)
예슬이와 미경이가 캔 고구마의 양이 같으므로
(미경이가 캔 고구마의 양)$=6\div 2=3$ (kg)입니다.

답 3 kg

5 평균과 가능성

❶ (남학생 18명의 앉은키의 합)
$=80\times 18=1440$ (cm)
(여학생 12명의 앉은키의 합)
$=75\times 12=900$ (cm)

❷ (전체 학생 수)$=18+12=30$(명)
➡ (전체 학생의 앉은키의 평균)
$=(1440+900)\div 30$
$=2340\div 30=78$ (cm)

답 78 cm

6 평균과 가능성

❶ 3일 동안 책을 읽은 시간의 평균이 40분이 되려면
(3일 동안 책을 읽어야 하는 시간)
$=40\times 3=120$(분)입니다.

❷ (어제 책을 읽은 시간)
=오후 4시 5분−오후 3시 40분=25분
(오늘 책을 읽은 시간)
=오후 5시 20분−오후 4시 35분=45분
➡ (내일 책을 읽어야 하는 시간)
$=120-(25+45)=50$(분)

❸ 오후 3시 50분+50분=오후 4시 40분까지 책을 읽어야 합니다.

답 4시 40분

7 평균과 가능성

❶ **9월의 5학년 반별 학생 수의 평균은 몇 명인지 구하기**
(9월의 5학년 전체 학생 수)
$=28+30+31+27=116$(명)
➡ (9월의 5학년 반별 학생 수의 평균)
$=116\div 4=29$(명)

❷ **10월의 5학년 반별 학생 수의 평균은 몇 명인지 구하기**
(10월의 5학년 전체 학생 수)
$=116+4=120$(명)
➡ (10월의 5학년 반별 학생 수의 평균)
$=120\div 4=30$(명)

❸ **10월의 5학년 반별 학생 수의 평균은 9월의 5학년 반별 학생 수의 평균보다 몇 명 늘어났는지 구하기**
(10월의 5학년 반별 학생 수의 평균)
−(9월의 5학년 반별 학생 수의 평균)
=30−29=1(명)

답 1명

8

평균과 가능성

❶ **남학생의 점수의 합과 전체 학생의 점수의 합은 각각 몇 점인지 구하기**
(남학생 8명의 점수의 합)=12×8=96(점)
(전체 학생 12명의 점수의 합)
=11×12=132(점)

❷ **여학생 4명의 점수의 평균은 몇 점인지 구하기**
(여학생 4명의 점수의 합)
=(전체 학생 12명의 점수의 합)
−(남학생 8명의 점수의 합)
=132−96=36(점)
➡ (여학생 4명의 점수의 평균)
=36÷4=9(점)

답 9점

9

평균과 가능성

❶ **한별이네 모둠 학생들의 50 m 달리기 기록의 합은 몇 초인지 구하기**
(모둠 학생들의 달리기 기록의 합)
=10×6=60(초)

❷ **소희와 민석이의 50 m 달리기 기록의 합은 몇 초인지 구하기**
(소희와 민석이의 달리기 기록의 합)
=(모둠 학생들의 달리기 기록의 합)
−(나머지 네 학생들의 달리기 기록의 합)
=60−(10.4+9.5+10.7+10.6)
=60−41.2=18.8(초)

❸ **소희와 민석이의 50 m 달리기 기록은 각각 몇 초인지 구하기**
소희가 민석이보다 0.8초 더 빠르므로
(소희의 달리기 기록)
=(18.8−0.8)÷2=9(초),
(민석이의 달리기 기록)
=9+0.8=9.8(초)입니다.

답 소희: 9초, 민석: 9.8초

표를 만들어 해결하기

익히기 94~95쪽

1

평균과 가능성

문제 분석 한 동전만 숫자 면이 나올 가능성을 수로 나타내시오.
500

풀이 ❶

100원짜리 동전	숫자 면	숫자 면	그림 면	그림 면
500원짜리 동전	숫자 면	그림 면	숫자 면	그림 면

❷ 반반이다, $\frac{1}{2}$

답 $\frac{1}{2}$

2

평균과 가능성

문제 분석 마지막 화살로 맞힌 점수는 몇 점
8 / 6

풀이 ❶

점수(점)	2	4	6	8	10	합
맞힌 화살 수(개)	1	1	3	2	1	8
승주가 얻은 점수(점)	2	4	18	16	10	50

❷ 6 / 6, 54
❸ 54, 50, 4

답 4

적용하기 96~99쪽

1

평균과 가능성

❶

왼쪽 주머니	흰색	흰색	검은색	검은색
오른쪽 주머니	흰색	검은색	흰색	검은색

❷ ❶의 표에서 꺼낸 바둑돌이 흰색 1개, 검은색 1개가 될 가능성은 '반반이다'이므로 수로 나타내면 $\frac{1}{2}$입니다.

답 $\frac{1}{2}$

2

평균과 가능성

❶

500원짜리 동전 수(개)	1	1	1	0	0	0
100원짜리 동전 수(개)	1	0	0	1	1	0
50원짜리 동전 수(개)	0	1	0	1	0	1
10원짜리 동전 수(개)	0	0	1	0	1	1
금액의 합(원)	600	550	510	150	110	60

❷ ❶의 표에서 한 번에 동전 2개를 꺼낼 때 나올 수 있는 동전 금액의 합은 모두 6가지입니다.

답 6가지

3

평균과 가능성

❶

100원짜리 동전	숫자 면	숫자 면	숫자 면	숫자 면	숫자 면	숫자 면
주사위	1	2	3	4	5	6

100원짜리 동전	그림 면	그림 면	그림 면	그림 면	그림 면	그림 면
주사위	1	2	3	4	5	6

❷ ❶의 표에서 동전은 그림 면이 나오고 주사위는 눈의 수가 7 이상이 나올 가능성은 '불가능하다'이므로 수로 나타내면 0입니다.

답 0

4

평균과 가능성

❶

백의 자리 숫자	1	1	4	4	7	7
십의 자리 숫자	4	7	1	7	1	4
일의 자리 숫자	7	4	7	1	4	1
세 자리 수	147	174	417	471	714	741

❷ ❶의 표에서 만든 세 자리 수는 모두 6개이고, 이 중에서 470보다 큰 수는 471, 714, 741로 3개입니다.
따라서 만든 세 자리 수가 470보다 클 가능성은 '반반이다'이므로 수로 나타내면 $\frac{1}{2}$입니다.

답 $\frac{1}{2}$

5

평균과 가능성

❶

점수(점)	1	2	3	4	5	합
맞힌 화살 수(개)	3	1	2	2	1	9
효주가 얻은 점수(점)	3	2	6	8	5	24

❷ 화살 10개를 던졌을 때 맞힌 점수의 평균이 2.8점이므로
(화살 10개를 던져 맞힌 점수의 합)
$=2.8\times10=28$(점)입니다.

❸ (화살 10개를 던져 맞힌 점수의 합)
$-$(화살 9개를 던져 맞힌 점수의 합)
$=28-24=4$(점)

답 4점

6

평균과 가능성

❶

주사위 눈의 수	1	1	4	1	1	2	2	3	3	2
	1	4	1	2	3	1	3	1	2	2
	4	1	1	3	2	3	1	2	1	2

❷ ❶의 표에서 나온 눈의 수의 합이 6인 경우는 모두 10가지입니다.

답 10가지

7

평균과 가능성

❶ **이웃한 두 수의 차가 같게 표 완성하기**

백의 자리 숫자	이웃한 두 수의 차			
	1	2	3	4
9	987	975	963	951
8	876	864	852	840
7	765	753	741	×
6	654	642	630	×

백의 자리 숫자	이웃한 두 수의 차			
	1	2	3	4
5	543	531	×	×
4	432	420	×	×
3	321	×	×	×
2	210	×	×	×

② 만들 수 있는 세 자리 수 중에서 이웃한 두 수의 차가 같게 되는 경우는 모두 몇 가지인지 구하기

①의 표에서 이웃한 두 수의 차가 같게 되는 경우는 모두

4+4+3+3+2+2+1+1=20(가지)입니다.

답 20가지

8

평균과 가능성

① 서로 다른 두 개의 화살을 차례로 던져 맞힌 두 수의 합을 표로 나타내기

두 수	1	1	1	1	2	2	2	2
	1	2	3	4	1	2	3	4
합	2	3	4	5	3	4	5	6

두 수	3	3	3	3	4	4	4	4
	1	2	3	4	1	2	3	4
합	4	5	6	7	5	6	7	8

② 서로 다른 두 개의 화살을 차례로 던져 맞힌 두 수의 합이 홀수가 될 가능성을 수로 나타내기

전체 16가지 경우 중 맞힌 두 수의 합이 홀수가 되는 경우는 8가지이므로 두 수의 합이 홀수가 될 가능성은 '반반이다'입니다.

따라서 두 수의 합이 홀수가 될 가능성을 수로 나타내면 $\frac{1}{2}$입니다.

답 $\frac{1}{2}$

조건을 따져 해결하기

익히기 100~101쪽

1

평균과 가능성

문제 분석 꺼낸 구슬의 개수가 짝수일 가능성과 회전판의 화살이 분홍색에 멈출 가능성이 같도록 회전판을 색칠하시오.

8, 8

풀이 ① 4, 5, 6, 7, 8, 8 / 4, 6, 8 / 4 / 반반이다, $\frac{1}{2}$

② 4

답 예

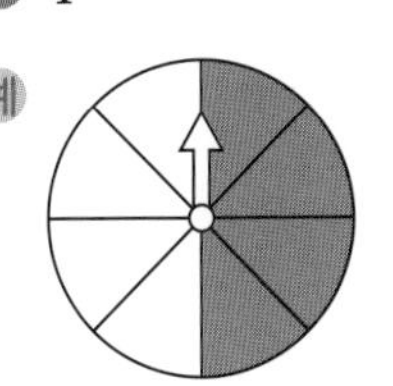

2

평균과 가능성

문제 분석 수미가 일주일 동안 컴퓨터를 한 시간은 몇 분

18

해결 전략 18

풀이 ① 60, 90, 126, 5, 102

② 102, 120 / 120, 5, 600

③ 600, 180, 60

답 60

적용하기 102~105쪽

1

평균과 가능성

① 주사위의 눈의 수는 모두 6 이하이므로 주사위를 굴려서 나온 주사위의 눈의 수가 6 이하일 가능성은 '확실하다'이고 수로 나타내면 1입니다.

② 회전판이 6칸으로 나누어져 있으므로 6칸에 노란색을 색칠합니다.

답

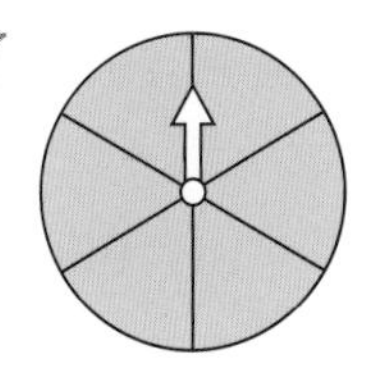

2

평균과 가능성

① (형의 나이)=(태준이의 나이)+2
=13+2=15(살)

② (아버지의 나이)=(형의 나이)×3
=15×3=45(살)

(어머니의 나이)
=(태준이의 나이)×3+4
=13×3+4=39+4=43(살)

❸ (태준이네 가족 나이의 평균)
=(13+15+45+43)÷4
=116÷4=29(살)

답 29살

3

평균과 가능성

❶ 주사위를 굴렸을 때 주사위 눈의 수가 항상 1, 2, 3, 4, 5, 6 중 하나로 나오게 됩니다.
따라서 일이 일어날 가능성을 다음과 같이 말로 표현할 수 있습니다.
➡ ㉠ 반반이다 ㉡ 불가능하다
㉢ 확실하다 ㉣ ~일 것 같다

❷ 일이 일어날 가능성을 비교하면 다음과 같습니다.

일이 일어날 가능성이 작습니다. ← → 일이 일어날 가능성이 큽니다.

따라서 일이 일어날 가능성이 큰 것부터 차례로 기호를 쓰면 ㉢, ㉣, ㉠, ㉡입니다.

답 ㉢, ㉣, ㉠, ㉡

4

평균과 가능성

❶ 6개의 마을의 배 생산량의 평균이 540 kg이므로
(전체 배 생산량)
=540×6=3240 (kg)입니다.

❷ (라 마을의 배 생산량)
=(전체 배 생산량)
−(나머지 마을의 배 생산량의 합)
=3240−(450+530+640+570+490)
=3240−2680=560 (kg)

❸ (필요한 상자의 수)=560÷10=56(개)

답 56개

5

평균과 가능성

❶ (선화네 모둠 기록의 평균)
=(52+38+40+50+45)÷5
=225÷5=45(회)
➡ (현지네 모둠 기록의 평균)
=(선화네 모둠 기록의 평균)=45회

❷ (현지네 모둠 기록의 합)=45×4=180(회)
(현철이의 기록)
=(현지네 모둠 기록의 합)
−(나머지 세 학생의 기록의 합)
=180−(44+50+49)
=180−143=37(회)

❸ 두 모둠의 전체 기록 중 가장 높은 기록은 52회, 가장 낮은 기록은 37회이므로 두 기록의 합은 52+37=89(회)입니다.

답 89회

6

평균과 가능성

❶ (전체 걸린 시간)
=50분+2시간 10분=3시간
(전체 걸은 거리)=2+4=6 (km)
➡ (한 시간 동안 걷는 평균 거리)
=6÷3=2 (km)

❷ 2 km를 걷는 데 평균 1시간=60분이 걸리므로 1 km를 걷는 데 평균 60÷2=30(분)이 걸립니다.

답 30분

7

평균과 가능성

❶ **지금 상자에 들어 있는 빨간색 구슬과 파란색 구슬은 각각 몇 개인지 구하기**
지금 상자에서 구슬 1개를 꺼낼 때 꺼낸 구슬이 빨간색일 가능성과 파란색일 가능성이 같으므로 지금 상자에 들어 있는 빨간색 구슬은 4개, 파란색 구슬도 4개입니다.

❷ **처음 상자에 들어 있던 구슬은 몇 개인지 구하기**
처음 상자에 들어 있던 빨간색 구슬은 4개, 파란색 구슬은 4+1+3=8(개)입니다.
➡ (처음 상자에 들어 있던 구슬 수)
=(빨간색 구슬 수)+(파란색 구슬 수)
=4+8=12(개)

답 12개

8

평균과 가능성

❶ **지희가 넘어뜨린 볼링 핀 수의 평균은 몇 개인지 구하기**
(지희가 넘어뜨린 볼링 핀 수의 평균)

$=(3+4+8+6+9)\div 5$
$=30\div 5=6$(개)

❷ **현진이가 넘어뜨린 볼링 핀 수의 합은 몇 개인지 구하기**

(현진이가 넘어뜨린 볼링 핀 수의 평균)
$=6+2=8$(개)
(현진이가 넘어뜨린 볼링 핀 수의 합)
$=8\times 5=40$(개)

❸ **현진이가 5회에 넘어뜨린 볼링 핀은 몇 개인지 구하기**

(현진이가 5회에 넘어뜨린 볼링 핀의 수)
=(현진이가 넘어뜨린 볼링 핀 수의 합)
−(현진이가 4회까지 넘어뜨린 볼링 핀 수의 합)
$=40-(7+9+8+8)$
$=40-32=8$(개)

답 8개

9

평균과 가능성

❶ **찬욱이가 가진 돈은 얼마인지 구하기**

(세 사람이 가진 돈의 합)
$=4550\times 3=13650$(원),
(승연이와 정아가 가진 돈의 합)
$=3750\times 2=7500$(원)
➡ (찬욱이가 가진 돈)
=(세 사람이 가진 돈의 합)
−(승연이와 정아가 가진 돈의 합)
$=13650-7500=6150$(원)

❷ **승연이가 가진 돈은 얼마인지 구하기**

(정아와 찬욱이가 가진 돈의 합)
$=3950\times 2=7900$(원)
➡ (승연이가 가진 돈)
=(세 사람이 가진 돈의 합)
−(정아와 찬욱이가 가진 돈의 합)
$=13650-7900=5750$(원)

❸ **정아가 가진 돈은 얼마인지 구하기**

(정아가 가진 돈)
=(세 사람이 가진 돈의 합)
−(찬욱이와 승연이가 가진 돈의 합)
$=13650-(6150+5750)$
$=13650-11900=1750$(원)

답 승연: 5750원, 정아: 1750원, 찬욱: 6150원

규칙성·자료와 가능성 마무리하기 1회

106~109쪽

1 245문제 **2** ㉣, ㉡, ㉢, ㉠, ㉤
3 목요일, 금요일 **4** ㉢, ㉡, ㉠
5 12초 **6** $\frac{1}{2}$ **7** 가 학교
8 2점 **9** 80점 **10** 52 kg

1 식을 만들어 해결하기

7일 동안 매일 35문제씩 푼 셈이므로 일주일 동안 푼 문제는 모두 $35\times 7=245$(문제)입니다.

2 조건을 따져 해결하기

빨간색이 차지하는 부분이 넓을수록 화살이 빨간색에 멈출 가능성이 큽니다.
따라서 화살이 빨간색에 멈출 가능성이 큰 것부터 차례로 기호를 쓰면 ㉣, ㉡, ㉢, ㉠, ㉤입니다.

3 식을 만들어 해결하기

(방문자 수의 평균)
$=(220+214+197+223+256)\div 5$
$=1110\div 5=222$(명)
따라서 방문자 수가 222명보다 많은 요일은 목요일과 금요일이므로 목요일과 금요일에 안전 요원이 추가로 배정되어야 합니다.

4 조건을 따져 해결하기

㉠ 동전의 두 면 중 한 면이 그림 면입니다.
㉡ 주사위의 여섯 면 중 한 면의 눈의 수가 6입니다.
㉢ 5개의 흰색 구슬이 들어 있는 주머니에 검은색 구슬은 없습니다.
일이 일어날 가능성을 비교하면 다음과 같습니다.

← 일이 일어날 가능성이 작습니다. 일이 일어날 가능성이 큽니다. →

㉢ ㉡ ㉠

불가능하다 반반이다 확실하다

따라서 가능성이 작은 것부터 차례로 기호를 쓰면 ㉢, ㉡, ㉠입니다.

5 조건을 따져 해결하기

전체 기록의 평균이 13초 이하가 되어야 하므

로 재영이의 기록의 합은 $13\times5=65$(초)와 같거나 작아야 합니다.

$13.5+14+12.5+13+\square=53+\square$가 65와 같거나 작아야 하므로 □는 12 이하이어야 합니다.

따라서 재영이가 대표 선수가 되려면 마지막 기록은 12초 이하이어야 합니다.

6 조건을 따져 해결하기

(당첨 제비의 수)$=1+5+8+11=25$(개)

제비 50개 중 당첨 제비가 25개이므로 당첨될 가능성은 '반반이다'입니다.

따라서 당첨될 가능성을 수로 나타내면 $\frac{1}{2}$입니다.

7 조건을 따져 해결하기

학생들이 사용하는 운동장 넓이의 평균은 $\frac{(\text{운동장의 넓이})}{(\text{학생 수})}$로 구할 수 있습니다.

따라서 두 학교의 운동장의 넓이가 같고 학생 수가 $280<300$이므로 학생 수가 더 적은 가 학교 학생들이 운동장을 더 넓게 이용할 수 있습니다.

다른 전략 식을 만들어 해결하기

(가 학교 학생들이 이용하는 운동장 넓이의 평균)

$=\frac{4200}{280}=15$

(나 학교 학생들이 이용하는 운동장 넓이의 평균)

$=\frac{4200}{300}=14$

$15>14$이므로 가 학교 학생들이 운동장을 더 넓게 이용할 수 있습니다.

8 식을 만들어 해결하기

(9월부터 12월까지의 수행평가 점수의 평균)

$=(86+94+93+79)\div4$

$=352\div4=88$(점)

12월의 수행평가 점수가 8점 더 높아진다면 수행평가 점수의 평균은

$(352+8)\div4=360\div4=90$(점)이 됩니다.

따라서 평균은 $90-88=2$(점) 더 높아집니다.

다른 전략 조건을 따져 해결하기

12월의 수행평가 점수가 지금보다 8점 더 높아진다면 평균은 $8\div4=2$(점) 더 높아집니다.

9 표를 만들어 해결하기

화살 7개를 던진 과녁판을 보고 효선이가 얻은 점수를 표에 나타내면 다음과 같습니다.

점수(점)	20	40	60	80	100	합
맞힌 화살 수(개)	3	2	1	1	0	7
효선이가 얻은 점수(점)	60	80	60	80	0	280

화살을 8번 던졌을 때 맞힌 점수의 평균이 45점이므로

(화살을 8번 던져 맞힌 점수의 합)

$=45\times8=360$(점)입니다.

➡ (마지막 화살로 맞힌 점수)

=(화살을 8번 던져 맞힌 점수의 합)

−(화살을 7번 던져 맞힌 점수의 합)

$=360-280=80$(점)

10 식을 만들어 해결하기

(남학생 몸무게의 합)$=56\times12=672$ (kg)

(여학생 몸무게의 합)$=49\times16=784$ (kg)

(진규네 반 전체 학생의 몸무게의 합)

=(남학생 몸무게의 합)+(여학생 몸무게의 합)

$=672+784=1456$ (kg)

(전체 학생 수)=(남학생 수)+(여학생 수)

$=12+16=28$(명)

➡ (전체 학생의 몸무게의 평균)

$=1456\div28=52$ (kg)

규칙성·자료와 가능성 마무리하기 **2회** 110~113쪽

1 예 (회전판 그림)

2 88 km

3 재영 4 331타 5 13

6 1 7 20점 8 121 cm

9 $\frac{1}{2}$ 10 1994 kcal

1 조건을 따져 해결하기

회전판이 8칸으로 나누어져 있고 회전판에서 초록색은 전체의 $\frac{1}{2}$이므로 4칸에 초록색을 색칠합니다.
화살이 파란색에 멈출 가능성이 빨간색에 멈출 가능성의 2배이므로 빨간색을 1칸, 파란색을 2칸 색칠하고, 화살이 노란색에 멈출 가능성은 빨간색에 멈출 가능성과 같으므로 노란색을 1칸 색칠합니다.

2 조건을 따져 해결하기

(전체 달린 거리)
=(한 시간에 90 km를 가는 빠르기로 달린 거리)+(한 시간에 85 km를 가는 빠르기로 달린 거리)
=270+170=440 (km)
(270 km를 가는 데 걸린 시간)
=270÷90=3(시간)
(170 km를 가는 데 걸린 시간)
=170÷85=2(시간)
(전체 걸린 시간)
=(270 km를 가는 데 걸린 시간)
+(170 km를 가는 데 걸린 시간)
=3+2=5(시간)
➡ (한 시간 동안 달린 평균 거리)
=(전체 달린 거리)÷(전체 걸린 시간)
=440÷5=88 (km)

3 조건을 따져 해결하기

재영: 전체 12장의 카드 중 ★ 모양의 카드가 12장이므로 ★ 모양의 카드를 뽑을 가능성은 '확실하다'입니다. ➡ 1
전체 12장의 카드 중 ◈ 모양의 카드가 0장이므로 ◈ 모양의 카드를 뽑을 가능성은 '불가능하다'입니다. ➡ 0
현숙: 전체 12장의 카드 중 ★ 모양의 카드가 6장이므로 ★ 모양의 카드를 뽑을 가능성은 '반반이다'입니다. ➡ $\frac{1}{2}$
전체 12장의 카드 중 ◈ 모양의 카드가 0장이므로 ◈ 모양의 카드를 뽑을 가능성은 '불가능하다'입니다. ➡ 0

따라서 재영: 1+0=1이고, 현숙: $\frac{1}{2}+0=\frac{1}{2}$이므로 나타낸 수의 합이 더 큰 사람은 재영입니다.

4 조건을 따져 해결하기

(민수의 타자 수의 평균)
=(330+315+320+300+325)÷5
=1590÷5=318(타)
민수와 아인이의 타자 수의 평균이 같으므로
(아인이의 타자 수의 평균)
=(민수의 타자 수의 평균)=318타
(아인이의 타자 수의 합)
=318×5=1590(타)
(아인이의 2회, 3회 타자 수의 합)
=1590−(310+299+324)=657(타)
아인이의 3회 타자 수는 2회보다 5타 많으므로
(2회 타자 수)=(657−5)÷2=326(타),
(3회 타자 수)=326+5=331(타)입니다.

5 조건을 따져 해결하기

1부터 25까지 연속하는 자연수는 25개이고, 합이 같도록 두 수씩 짝지어 1부터 25까지 자연수의 연속하는 합을 구하면

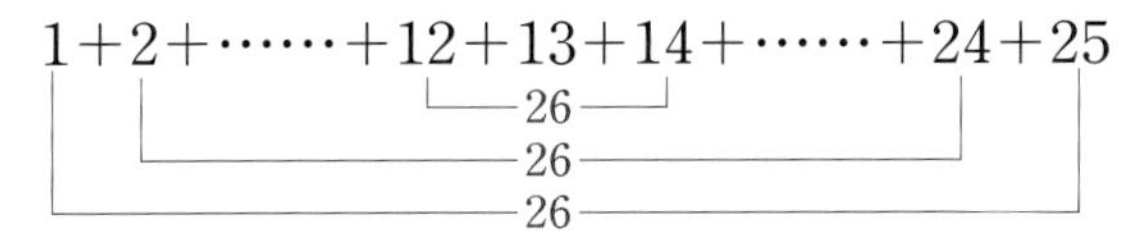

=26×12+13=325
➡ (1부터 25까지 연속하는 자연수의 평균)
=325÷25=13

6 조건을 따져 해결하기

왼쪽 상자에서 공을 1개 꺼낼 때 꺼낸 공이 빨간색일 가능성은 0이므로 왼쪽 상자에 들어 있는 빨간색 공은 0개입니다.
왼쪽 상자의 공 4개와 오른쪽 상자의 공 4개를 합한 공 8개 중에서 공 1개를 꺼낼 때 꺼낸 공이 빨간색일 가능성이 $\frac{1}{2}$이므로 오른쪽 상자에 들어 있는 공 4개는 모두 빨간색입니다.
따라서 오른쪽 상자에서 공 1개를 꺼낼 때 꺼낸 공이 빨간색일 가능성은 '확실하다'이고, 이를 수로 나타내면 1입니다.

7 조건을 따져 해결하기

6명의 심사위원에게 받은 점수의 평균이 18.5점이므로
(6명의 심사위원에게 받은 점수의 합)
$=18.5\times6=111$(점),
가장 높은 점수와 가장 낮은 점수를 뺀 점수의 평균이 19점이므로
(4명의 심사위원에게 받은 점수의 합)
$=19\times4=76$(점)입니다.
(가장 높은 점수)+(가장 낮은 점수)
=(6명의 심사위원에게 받은 점수의 합)
 −(4명의 심사위원에게 받은 점수의 합)
$=111-76=35$(점),
(가장 낮은 점수)=15점이므로
(가장 높은 점수)$=35-15=20$(점)입니다.

8 식을 만들어 해결하기

(세 나무토막의 길이의 합)
$=0.9\times3=2.7$ (m)=270 (cm)
가장 짧은 나무토막의 길이를 □cm라고 하면
□+(□+23)+(□+58)=270이므로
□+□+□+81=270, □+□+□=189,
□×3=189, □=63입니다.
가장 긴 나무토막은 가장 짧은 나무토막보다 58 cm 더 길므로
(가장 긴 나무토막의 길이)
$=63+58=121$ (cm)입니다.

9 표를 만들어 해결하기

동전 3개를 동시에 던질 때 나올 수 있는 경우를 표에 나타내면 다음과 같습니다.

50원짜리 동전	숫자 면	숫자 면	숫자 면	숫자 면
100원짜리 동전	숫자 면	숫자 면	그림 면	그림 면
500원짜리 동전	숫자 면	그림 면	숫자 면	그림 면
50원짜리 동전	그림 면	그림 면	그림 면	그림 면
100원짜리 동전	숫자 면	숫자 면	그림 면	그림 면
500원짜리 동전	숫자 면	그림 면	숫자 면	그림 면

전체 8가지 경우 중 그림 면이 2개 이상 나올 경우는 4가지이므로 그림 면이 2개 이상 나올 가능성은 '반반이다'입니다.
따라서 그림 면이 2개 이상 나올 가능성을 수로 나타내면 $\frac{1}{2}$입니다.

10 조건을 따져 해결하기

(세영이와 준호가 섭취한 열량의 합)
$=1941\times2=3882$ (kcal)
(준호와 태연이가 섭취한 열량의 합)
$=2031\times2=4062$ (kcal)
(세영이와 태연이가 섭취한 열량의 합)
$=2010\times2=4020$ (kcal)
(세영, 준호, 태연이가 섭취한 열량의 합)×2
$=3882+4062+4020=11964$ (kcal)이므로
(세영, 준호, 태연이가 섭취한 열량의 합)
$=11964\div2=5982$ (kcal)입니다.
➡ (세 사람이 섭취한 열량의 평균)
 $=5982\div3=1994$ (kcal)

문제 해결력 TEST

01 885300　02 ㉠, ㉣, ㉡, ㉢
03 노란색, 빨간색　04 17
05 54 cm^2　06 50 cm　07 74번
08 708권　09 60개　10 60°
11 진수, 4 cm　12 $19\frac{2}{3}$ m
13 5.992 km　14 마트
15 $\frac{1}{2}$　16 4　17 82점
18 $\frac{1}{2}$　19 6 cm　20 58

01

주어진 수 카드를 2번씩 사용하여 만들 수 있는 가장 큰 여섯 자리 수는 885533이고,
두 번째로 큰 여섯 자리 수는 885353입니다.
885353을 버림하여 백의 자리까지 나타내려면 백의 자리 아래 수를 버림하면 됩니다.
버림하여 백의 자리까지 나타내기:
885353 ➡ 885300

02

주어진 선대칭도형을 그려 각 도형에서 찾을 수 있는 대칭축을 그리면 다음과 같습니다.

㉠
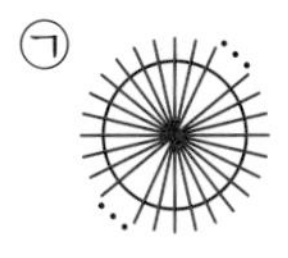
무수히 많습니다.

㉡
4개

㉢
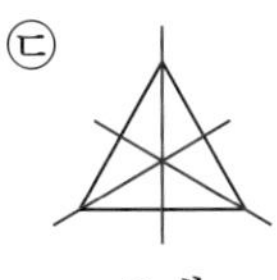
3개

㉣
6개

따라서 대칭축이 많은 선대칭도형부터 차례로 기호를 쓰면 ㉠, ㉣, ㉡, ㉢입니다.

03

주머니에 빨간색 공은 3개, 파란색 공은 4개, 노란색 공은 9개, 초록색 공은 4개 들어 있습니다.
따라서 가장 많이 들어 있는 노란색 공을 꺼낼 가능성이 가장 크고, 가장 적게 들어 있는 빨간색 공을 꺼낼 가능성이 가장 작습니다.

04

수직선에 나타낸 수의 범위는 ㉠ 초과 26 이하입니다.
㉠ 초과인 수에는 ㉠이 포함되지 않고, 26 이하인 수에는 26이 포함됩니다.
26 이하인 자연수를 큰 수부터 차례로 9개 써 보면 26, 25, 24, 23, 22, 21, 20, 19, 18입니다.
따라서 ㉠에 알맞은 자연수는 17입니다.

05

합동인 두 도형의 대응변의 길이는 서로 같습니다.
(변 ㄱㄷ의 길이)=(변 ㅁㄹ의 길이)=15 cm
(변 ㄷㄹ의 길이)=(변 ㄴㄷ의 길이)=12 cm
(변 ㄱㄴ의 길이)
=(삼각형 ㄱㄴㄷ의 둘레)
　−(변 ㄱㄷ의 길이)−(변 ㄴㄷ의 길이)
=36−15−12=9 (cm)이므로
(변 ㅁㄷ의 길이)=(변 ㄱㄴ의 길이)=9 cm 입니다.
➡ (삼각형 ㅁㄷㄹ의 넓이)
　$=12\times9\div2=54$ (cm^2)

06

㉮의 가로를 □cm라고 하면 ㉮의 넓이는 456 cm^2이고 ㉮의 세로는 선분 ㄹㄷ의 길이와 같으므로
□×24=456, □=456÷24=19입니다.
➡ (선분 ㄱㄹ의 길이)
　=19+6+19+6=50 (cm)

07

월요일부터 일요일까지의 줄넘기 기록의 평균이 65번 이상이 되려면 월요일부터 일요일까지의 줄넘기 기록의 합이 65×7=455(번) 이상이어야 합니다.

따라서 일요일에 뛴 줄넘기 기록은 적어도
$455-(48+36+64+70+75+88)=74$(번)
이어야 합니다.

08

올림하여 십의 자리까지 나타냈을 때 360이 되는 자연수는 351부터 360까지의 자연수입니다.
반올림하여 십의 자리까지 나타냈을 때 350이 되는 자연수는 345부터 354까지의 자연수입니다.
민호네 학교 5학년 학생 수의 범위는 351명 이상 354명 이하이므로 학생 수가 가장 많을 때는 354명일 때입니다.
따라서 공책은 최소 $354\times2=708$(권) 필요합니다.

09

서희가 가지고 있는 구슬의 $\frac{3}{5}$은 빨간색 구슬이므로 노란색 구슬은 전체의 $1-\frac{3}{5}=\frac{2}{5}$입니다.
즉, 빨간색 구슬은 노란색 구슬보다 전체의 $\frac{3}{5}-\frac{2}{5}=\frac{1}{5}$만큼 많습니다.

예 빨간색 구슬 노란색 구슬 12개

따라서 전체의 $\frac{1}{5}$만큼이 12개이므로 서희가 가지고 있는 구슬은 모두 $12\times5=60$(개)입니다.

10

삼각형 ㄹㅁㅂ과 삼각형 ㄱㅁㅂ은 서로 합동이므로
(각 ㄱㅁㅂ의 크기)
=(각 ㄹㅁㅂ의 크기)
$=(180^\circ-50^\circ)\div2=130^\circ\div2=65^\circ$입니다.
삼각형의 세 각의 크기의 합은 180°이므로
삼각형 ㄱㅁㅂ에서
(각 ㄱㅂㅁ의 크기)
$=180^\circ-(55^\circ+65^\circ)=60^\circ$입니다.
➡ (각 ㉠의 크기)
=(각 ㄱㅂㅁ의 크기)$=60^\circ$

11

• 진수가 만든 상자

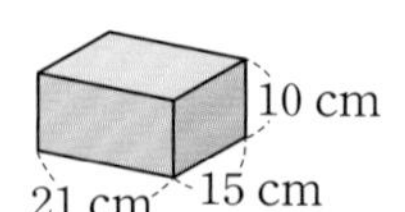

(모든 모서리의 길이의 합)
$=(21\times4)+(15\times4)+(10\times4)$
$=184$ (cm)

• 미진이가 만든 상자

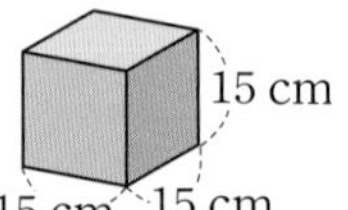

(모든 모서리의 길이의 합)
$=15\times12=180$ (cm)

$184>180$이므로 진수와 미진이 중 진수가 만든 상자의 모든 모서리의 길이의 합이
$184-180=4$ (cm) 더 깁니다.

12

색 테이프 2장을 이어 붙이면 겹쳐진 부분은 $2-1=1$(군데),
색 테이프 3장을 이어 붙이면 겹쳐진 부분은 $3-1=2$(군데)입니다.
➡ 색 테이프 40장을 이어 붙이면 겹쳐진 부분은 $40-1=39$(군데)입니다.
(색 테이프 40장의 길이의 합)
$=\frac{3}{\cancel{5}_{1}}\times\cancel{40}^{8}=24$ (m)
(겹쳐진 부분의 길이의 합)
$=\frac{1}{\cancel{9}_{3}}\times\cancel{39}^{13}=\frac{13}{3}=4\frac{1}{3}$ (m)
➡ (색 테이프 40장을 이어 붙인 전체 길이)
=(색 테이프 40장의 길이의 합)
−(겹쳐진 부분의 길이의 합)
$=24-4\frac{1}{3}=23\frac{3}{3}-4\frac{1}{3}=19\frac{2}{3}$ (m)

13

(1분 후에 두 자동차 사이의 거리)
$=2.32+1.96=4.28$ (km)
1분 24초$=1\frac{\cancel{24}^{4}}{\cancel{60}_{10}}$분$=1\frac{4}{10}$분$=1.4$분

➡ (1.4분 후에 두 자동차 사이의 거리)
$=4.28\times1.4=5.992$ (km)

다른 풀이

(자동차 ㉮가 1.4분 동안 달린 거리)
$=2.32\times1.4=3.248$ (km)
(자동차 ㉯가 1.4분 동안 달린 거리)
$=1.96\times1.4=2.744$ (km)
➡ (1.4분 후에 두 자동차 사이의 거리)
$=3.248+2.744=5.992$ (km)

14

학생 186명에게 공책을 3권씩 나누어 주려면 공책은 모두 $186\times3=558$(권) 필요합니다.
마트에서는 10권씩 묶음으로 사야 하므로 최소 10권씩 56묶음을 사야 합니다.
➡ (마트에서 살 때 필요한 금액)
$=4700\times56=263200$(원)
공장에서는 100권씩 상자로 사야 하므로 최소 100권씩 6상자를 사야 합니다.
➡ (공장에서 살 때 필요한 금액)
$=45000\times6=270000$(원)
$263200<270000$이므로 공책을 부족하지 않게 최소 묶음으로 사려면 마트에서 사는 것이 더 유리합니다.

15

처음 정사각형의 한 변의 길이를 □cm라고 하면 (처음 정사각형의 넓이)$=$(□$\times$□) cm^2 입니다.
새로 만든 직사각형의 가로가 $\left(□\times1\frac{1}{2}\right)$cm, 세로가 $\left(□\times\frac{1}{3}\right)$cm이므로
(새로 만든 직사각형의 넓이)
$=\left(□\times1\frac{1}{2}\right)\times\left(□\times\frac{1}{3}\right)$
$=□\times□\times1\frac{1}{2}\times\frac{1}{3}$
$=□\times□\times\frac{\overset{1}{\cancel{3}}}{2}\times\frac{1}{\underset{1}{\cancel{3}}}$
$=□\times□\times\frac{1}{2}$ (cm^2)
따라서 새로 만든 직사각형의 넓이는 처음 정사각형의 넓이의 $\frac{1}{2}$입니다.

16

$0.\underline{8}$
$0.8\times0.8=0.6\underline{4}$
$0.8\times0.8\times0.8=0.51\underline{2}$
$0.8\times0.8\times0.8\times0.8=0.409\underline{6}$
$0.8\times0.8\times0.8\times0.8\times0.8=0.3276\underline{8}$
⋮

0.8을 50번 곱하면 소수 50자리 수가 되므로 소수 50째 자리 숫자는 소수점 아래 끝자리 숫자입니다.
0.8을 한 번씩 곱할 때마다 소수점 아래 끝자리 숫자는 8, 4, 2, 6이 반복됩니다.
따라서 $50\div4=12\cdots2$이므로 0.8을 50번 곱한 곱의 소수 50째 자리 숫자는 0.8을 2번 곱했을 때 곱의 소수점 아래 끝자리 숫자와 같은 4입니다.

17

(응시한 200명 점수의 합)
$=73\times200=14600$(점)
(불합격한 150명 점수의 합)
$=70\times150=10500$(점)
(합격한 사람의 점수의 합)
$=14600-10500=4100$(점)이므로
(합격한 사람의 점수의 평균)
$=4100\div50=82$(점)입니다.

18

동전 한 개와 주사위 한 개를 동시에 던질 때 나오는 경우를 표에 나타내면 다음과 같습니다.

동전	숫자 면	숫자 면	숫자 면	숫자 면	숫자 면	숫자 면
주사위	1	2	3	4	5	6

동전	그림 면	그림 면	그림 면	그림 면	그림 면	그림 면
주사위	1	2	3	4	5	6

위의 표에서 동전은 숫자 면이 나오고 주사위는 눈의 수가 6 이하로 나올 가능성은 '반반이다'이므로 수로 나타내면 $\frac{1}{2}$입니다.

19

직사각형 ㄱㄴㄷㄹ을 점 ㅇ을 대칭의 중심으로

180° 돌려서 점대칭도형을 완성하면 오른쪽과 같습니다.

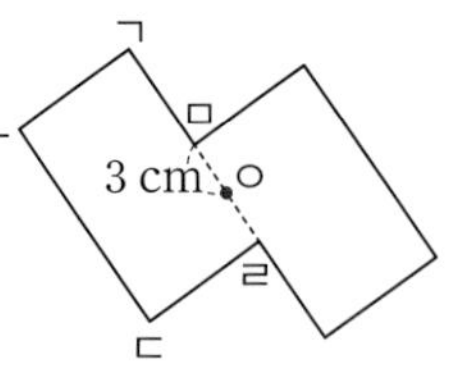

(선분 ㄹㅇ의 길이)
=(선분 ㅁㅇ의 길이)=3 cm
선분 ㄱㄴ의 길이를 □ cm라 하면
(선분 ㄱㅁ의 길이)
=(선분 ㄱㄴ의 길이)=□ cm이고
(선분 ㄱㄹ의 길이)=□+3+3=(□+6) cm입니다.
(직사각형 ㄱㄴㄷㄹ의 둘레)×2
−(선분 ㅁㅇ의 길이)×4
=(완성한 점대칭도형의 둘레)이므로
(□+6+□+□+6+□)×2−3×4=60,
(□×4+12)×2−12=60,
(□×4+12)×2=72, □×4+12=36,
□×4=24, □=6입니다.
따라서 선분 ㄱㅁ의 길이는 6 cm입니다.

20

보이는 면의 눈의 수의 합이 가장 크게 되려면 주사위가 맞닿아 있는 면의 눈의 수의 합이 가장 작아야 합니다.

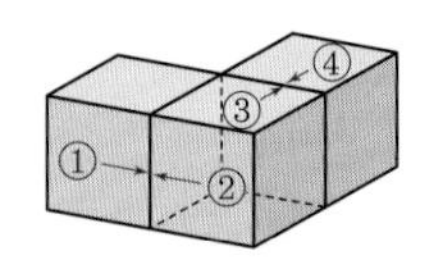

①번 면에는 주사위의 눈의 수가 1,
②번 면에는 주사위의 눈의 수가 1 또는 2,
③번 면에는 주사위의 눈의 수가 2 또는 1,
④번 면에는 주사위의 눈의 수가 1
이 오는 경우에 맞닿아 있는 면의 눈의 수의 합이 가장 작습니다.
따라서 바깥으로 보이는 면의 눈의 수의 합이 가장 클 때의 합은 3개의 주사위의 눈의 수의 합인 (1+2+3+4+5+6)×3=63에서 1+1+2+1=5를 뺀 63−5=58입니다.

문제 해결의 길잡이 원리

수학 5-2

www.mirae-n.com

학습하다가 이해되지 않는 부분이나 정오표 등의
궁금한 사항이 있나요?
미래엔 홈페이지에서 해결해 드립니다.

교재 내용 문의
나의 교재 문의 | 수학 과외쌤 | 자주하는 질문 | 기타 문의

교재 자료 및 정답
동영상 강의 | 쌍둥이 문제 | 정답과 해설 | 정오표

초등학교

학년 반 이름

예비초등

한글 완성

초등학교 입학 전
한글 읽기·쓰기 동시에 끝내기 [총3책]

예비 초등

자신있는 초등학교 입학 준비!
[국어, 수학, 통합교과, 학교생활 총4책]

독해 시작편

초등학교 입학 전 독해 시작하기
[총2책]

독해

교과서 단계에 맞춰 학기별
읽기 전략 공략하기 [총12책]

비문학 독해 사회편

사회 영역의 배경지식을 키우고,
비문학 읽기 전략 공략하기 [총6책]

비문학 독해 과학편

과학 영역의 배경지식을 키우고,
비문학 읽기 전략 공략하기 [총6책]

쏙셈 시작편

초등학교 입학 전 연산 시작하기
[총2책]

쏙셈

교과서에 따른 수·연산·도형·측정까지
계산력 향상하기 [총12책]

창의력 쏙셈

문장제 문제부터 창의·사고력 문제까지
수학 역량 키우기 [총12책]

쏙셈 분수·소수

3~6학년 분수·소수의 개념과 연산 원리를
집중 훈련하기 [분수 2책, 소수 2책]

알파벳 쓰기

알파벳을 보고 듣고 따라 쓰며 읽기·쓰기
한 번에 끝내기 [총1책]

파닉스

알파벳의 정확한 소릿값을 익히며
영단어 읽기 [총2책]

사이트 워드

192개 사이트 워드 학습으로
리딩 자신감 쑥쑥 키우기 [총2책]

영단어

학년별 필수 영단어를 다양한
활동으로 공략하기 [총4책]

영문법

예문과 다양한 활동으로
영문법 기초 다지기 [총4책]

교과서 한자 어휘도 익히고
급수 한자까지 대비하기
[총12책]

큰별쌤의 명쾌한 강의와 풍부한 시각 자료로 역사의 흐름과 사건을 이미지로 기억하기 [총3책]

하루 한장 학습 관리 앱

손쉬운 학습 관리로 올바른 공부 습관을 키워요!